石油钻探实用西班牙语

ESPAÑOL PRÁCTICO DE PERFORACIÓN PETROLERA

喻兵　王伟◎主编

石油工業出版社

图书在版编目（CIP）数据

石油钻探实用西班牙语 / 喻兵，王伟主编. —北京：石油工业出版社，2019. 5

ISBN 978-7-5183-3291-5

Ⅰ. ①石… Ⅱ. ①喻… ②王… Ⅲ. ①油气钻井-西班牙语-自学参考资料 Ⅳ. ①TE2

中国版本图书馆CIP数据核字（2019）第060436号

石油钻探实用西班牙语

喻兵　王伟　**主编**

出版发行：石油工业出版社

（北京市朝阳区安华里二区 1 号楼 100011）

网　　址：www. petropub. com

编 辑 部：(010) 64523609　图书营销中心：(010) 64523633

经　　销：全国新华书店

印　　刷：北京晨旭印刷厂

2019年5月第1版　2019年5月第1次印刷

880毫米 × 1230 毫米　开本：1/32　印张：9.5

字数：130千字

定　价：45. 00元

（如发现印装质量问题，我社图书营销中心负责调换）

《石油钻探实用西班牙语》

编 委 会

INTRODUCCIÓN • 前言

拉丁美洲是世界重要的石油生产和出口地区之一，也是使用西班牙语最多的地区，该地区大部分国家均将西班牙语列为官方语言。西班牙语为世界第二大语言，仅次于汉语，学好西班牙语对于石油企业在该地区的发展有着至关重要的作用。本书结合中国石油集团渤海钻探工程有限公司在委内瑞拉、秘鲁、墨西哥等拉丁美洲市场二十余载的发展经验，收录整理日常生活和钻井施工常用西班牙语词句两千余项，旨在帮助相关从业者快速精准提高西班牙语使用水平。

全书分为语音语法、基础词汇、日常用语和钻井施工用语四个部分，各部分均附有西汉双语音频文件。语音语法讲解西班牙语字母写法、读音规则和初级语法等入门知识，让学习者打牢学习基础；基础词汇包括日常词汇和钻井词汇，搭配情景对话进行讲解，让学习者掌握一定的词汇量和基本句型；日常用语涵盖饮食起居、职场沟通、海关出入、紧急求助等西班牙语国家生活和工作的方方面面；钻井施工用语从现场实际出发，按照钻井作业过程和设备、配件、工具及材料等选取编排内容，各部分例句内容丰富，结合发音勤加练习可让学习者熟练进行各场景下的西班牙语会话。

本书内容既包括入门语音、语法和词汇，又包括专业语句，内容由浅入深，结构分类明晰，便于不同层次和需求的读者学习和参考。本书具有系统性、专业性和实用性，适用对象范围广，可供零基础西班牙语爱好者、石油钻井及相关技术服务涉外员工西班牙语培训或自学使用，也可作为石油高等院校钻井及相关专业参考用书。

本书由中国石油集团渤海钻探国际工程公司组织编写，在编写的过程中，得到了中国石油集团渤海钻探工程有限公司人事处（党委组织部）、东方地球物理公司物探培训中心和石油工业出版社的鼎力相助。在校核工作中，还得到了委内瑞拉籍同事Leandro Domínguez. MSc工程师的帮助，在此谨向他们致以诚挚的谢意。

由于编者水平有限，本书内容难免会有不足之处，衷心希望广大读者提出宝贵的意见。

编者

2018年10月

Prólogo • 序

自20世纪90年代中国石油企业“走出去”战略实施以来，中国石油企业在海外市场从无到有，从弱到强，取得了举世瞩目的成绩，但也暴露了很多问题，其中外语实用能力弱是困扰我们多年的难题，我们缺乏的不是工程技术或管理能力，而是有效的外语沟通能力。近年来，市场上相继出版了多部石油专业英语教材，但却始终没有一本专门针对钻井相关专业使用的西班牙语教材，本书填补了这一领域空白。本书结合我公司二十余载西班牙语市场发展经验，将日常及钻井施工常用词句收录整理，内容丰富，适用面广，对于石油钻探企业在拉丁美洲等西班牙语市场的发展和国际化人才的培养具有极大的指导意义。

《石油钻探实用西班牙语》一书主要以词汇及例句的形式，将各种场合的日常生活用语、各个工序中的钻井施工专业用语，全面、细致、清晰地展现出来，涵盖面广，可以说涉及在西班牙语国家工作和生活的方方面面。本书以入门语音语法为开端，是一本由浅入深、循序渐进的专业西班牙语教材，易于接受和理解。此外，本书将各种场景下的词句分类列出，有助于读者快速精准查阅和学习所需内容。

现在以及未来很长一段时间，国际化仍将是我国石油行业发展的主旋律。外语实用能力是国际化人才的固本之源，望广大员工能够抓住机遇，充分利用此书，学好西班牙语，早日成长为懂业务、会外语的综合型国际化人才，实现个人价值，为企业和国家发展多作贡献！

本书由中国石油集团渤海钻探国际工程公司组织编写，从构思、编写、校核到出版，历时两年有余，期间几经易稿，多次修改完善，大量人员参与。为确保内容准确，邀请中国石油集团东方地球物理公司物探培训中心韩琳、委内瑞拉钻井工程师Leandro Domínguez. MSc对全书西班牙语进行校核，组织公司具有丰富海外钻井经验的西班牙语佼佼者对专业词句进行审核，可以说每一词每一句都经过了编者的仔细斟酌、倾注了无数的汗水和心血。本书不仅对石油钻探企业海外员工提高语言能力大有借鉴，同时也丰富了海外石油工作者的学习内容。

我们相信，本书的出版将对石油企业在拉丁美洲等西班牙语市场的发展和国际化人才的培养起到重要的促进作用。

最后，衷心希望本书能为广大读者带来切实的帮助。

张裕杰

2018年10月

Prólogo • 序

Las operaciones de perforación, reacondicionamiento y servicios a pozos, son imprescindibles para la exploración y producción de yacimientos petrolíferos y gasíferos, por ello se requiere de procedimientos y métodos para obtener éxitos en la producción de hidrocarburos.

Para la industria petrolera la explotación de los yacimientos de hidrocarburos representa un reto y es necesario, la implementación de técnicas que sean económicamente rentables en su aplicación, por ello es necesario análisis técnicos para evaluar los procesos de perforación, reacondicionamiento y servicios a pozos para adaptarlos a un yacimiento petrolífero en particular.

En la actualidad debido al gran consumo y dependencia de la energía producida por los hidrocarburos, la cual representa el eje principal para el desarrollo mundial. Teniendo un gran significado y desafío el hecho de explotarlas, requieren el uso de tecnología adaptada a su exigencia para llevar a cabo el drenaje de las reservas de hidrocarburos.

Durante los procesos de perforación, reacondicionamiento y servicios a pozos realizados tanto en tierra firme, como en costa afuera se requiere de grupos de personas especializadas, que mantengan un flujo de información fidedigna a la hora de realizar cualquier procedimiento de trabajo, por ello es fundamental la comunicación para tener éxito durante las operaciones, siendo imprescindible manejar el mismo idioma a la hora hacer un trabajo para garantizar el cumplimiento del plan a seguir, representando una necesidad que el equipo de trabajadores especializados hablen y entiendan el mismo idioma, ya que la información es uno de los bienes más valiosos que poseen las compañías petroleras, por tal motivo se requiere de un personal capacitado que hable y entienda el idioma del área donde se realizan las operaciones, en el caso de América Latina el idioma oficial más hablado es el Castellano.

Por ello se realizó este material para que los trabajadores de nacionalidad China puedan interactuar con sus pares de habla hispana y se puedan realizar las operaciones sin contratiempos, por todo lo antes mencionado recomienda a los trabajadores Chinos practiquen su español técnico con este material para evite cometer errores que pongan en peligro sus propias vidas, como la de sus compañeros de trabajo y a su vez se puedan mantener las operaciones como se tienen planificadas.

Ing. Leandro Domínguez. MSc

ÍNDICE • 目录

第一章 西班牙语语音和基础语法

Capítulo I Fonética y gramática común

一、Fonética 西班牙语语音

西班牙语共有29个字母，即我们熟知的26个英文字母，加上ch，ll和ñ三个字母。

字母表

字母	名称	字母	名称
A a	a	N n	ene
B b	be	Ñ ñ	eñe
C c	ce	O o	o
Ch ch	che	P p	pe
D d	de	Q q	cu
E e	e	R r	ere
F f	efe	rr	erre
G g	ge	S s	ese
H h	hache	T t	te

字母表

字母	名称	字母	名称
I i	i	U u	u
J j	jota	V v	uve
K k	ca	W w	dobleuve
L l	ele	X x	equis
LL ll	elle	Y y	igriega
M m	eme	Z z	zeta

（一）Vocales 西班牙语元音

西班牙语元音字母有五个：a，e，i，o，u。其余都为辅音字母。

（二）Diptongos 西班牙语二重元音

西班牙语五个元音字母中a，e，o是强元音；i，u是弱元音。二重元音可以由一个强元音加一个弱元音构成，也可以由两个弱元音构成。所有二重元音如下：ai，au，ei，eu，oi，ia，ie，io，ua，ue，uo，iu，ui。

（三）Triptongos 西班牙语三重元音

三重元音由两个弱元音加一个强元音构成，强元音位于两个弱元音之间。

（四）Grupos consonánticos 西班牙语辅音连缀

当辅音字母l，r在p，b，c，g，f，t，d之后时，构成辅音连缀。所有辅音连缀如下：cl，cr，gl，gr，pl，pr，bl，br，fl，fr，tl，tr，dr。

（五）Reglas de pronunciación 西班牙语发音规则

一个单词由一个或几个音节组成。元音是音节划分的基础。一般来讲，一个单词中有几个元音，便有几个音节。

1. 一个元音便可构成一个音节。如：

Ana：A-na　eco：e-co　ella：e-lla

2. 辅音不能单独构成音节。辅音放在元音前或后，与之共同组成音节，若辅音放在两个元音之间，则与后面的元音构成音节。如：

es：es　casa：ca-sa　papel：pa-pel　Elena：E-le-na

3. 辅音连缀与它后面的元音构成一个音节。如：

obrero：o-bre-ro　nosotros：no-so-tros

4. 除辅音连缀外，相邻的两个辅音分属前后两个音节。如：

tanto：tan-to　esposo：es-po-so　hermana：her-ma-na

5. 相邻的三个辅音中，若出现辅音连缀，则辅音连缀与后面的元音构成一个音节，另一个辅音属于前一个音节；若无辅音连缀，通常情况下，最后一个辅音与后面的元音构成一个音节，前两个辅音属于前一个音节。如：

explicar：ex-pli-car

constante：cons-tan-te

instituto：ins-ti-tu-to

6. 二重元音和它前面的辅音构成一个音节。如：

suelo：sue-lo　pie：pie　aire：ai-re

7. 相邻的两个强元音分属不同音节, 带重音符号的弱元音与强元音组合时，不构成二重元音，分属不同音节。如：

aeropuerto：a-e-ro-puer-to

poema：po-e-ma

leído：le-i-do

8. 三重元音和它前面的辅音构成一个音节。如：

Uruguay：U-ru-guay　buey：buey

（六）Reglas de acentos 重音规则

1. 以元音结尾的词，重音落在倒数第二个音节。

mapa：ma-pa Pepe：Pe-pe ama：a-ma

2. 有重音符号的词，重读落在有重音符号的音节上。

canción：can-ción mamá：ma-má sofá：so-fá

3. 以辅音（n，s除外）结尾的单词，重音落在最后一个音节上。

profesor：pro-fe-sor tractor：trac-tor

usted：us-ted español：es-pa-ñol

4. 当二重元音或三重元音是重读音节时，重音落在强元音上。

bueno：bue-no deuda：deu-da manual：ma-nual

5. 二重元音是重读音节，且都为弱元音时，重音一般落在后一个弱元音上。但有些单词的重音可以落在前一个弱元音，也可以落在后一个弱元音上。

buitre：bui-tre viuda：viu-da ruido：rui-da

二、Masculino y femenino del sustantivo **名词的阴性和阳性**

在西班牙语当中，名词有阴阳性之分。与阳性单数名词搭配使用的定冠词是el，不定冠词是un；与阴性单数名词搭配使用的定冠词是la，不定冠词是una。例如：

el libro，la chica，la mesa，un hombre，una mujer

名词有阴阳性之分：

chino，china

español，española

一般来讲，以o为结尾的名词是阳性的，以a结尾的名词是阴性的。但是有一些特殊情况，需要特殊记忆。例如：

el sofá，la mano，el día，el sofá

三、Verbos ser y estar 动词ser和estar的用法

动词ser用于对人或物的描述，ser可用来：

表示身份：Éste es Juan.

表示国籍：María es mexicana.

表示职业：Carlos es médico.

表示人或物的性质：Es un profesor alto.

动词estar的主要用法：表示人或物所处的地点和方位，例如：Luis está en la habitación. 表示人或物所处的状态：La cocina está sucia.

Carlos es muy guapo. Ana está muy guapa hoy. 请体会这两句话的含义：第一句是卡洛斯很帅。第二句是安娜今天很漂亮。

四、Adjetivos posesivos y pronombres posesivos 非重读物主形容词和重读物主形容词

物主形容词表示所属关系。西班牙语里有两类物主形容词，非重读物主形容词和重读物主形容词。

	单数	复数
第一人称	mi，mis	nuestro，nuestra，nuestros, nuestras
第二人称	tu，tus	vuestro，vuestra，vuestros，vuestras
第三人称	su，sus	su，sus

非重读物主形容词放在名词前面，与它所修饰的名词保持性数一致。

Son mis padres.

Ella es su esposa.

重读物主形容词

主格人称代词	重读物主形容词
yo	mío，a
tú	tuyo，a
él，ella，usted	suyo，a
nosotros，nosotras	nuestro，tra
vosotros，vosotras	vuestro，tra
ellos，ellas，ustedes	suyo，ya

重读物主形容词置于所修饰名词之后，与之保持性数一致。

Esa chica guapa es mi novia.

Los cuadernos míos están en la mesa.

五、Demostrativos 指示形容词和指示代词

指示形容词用来表示说话人与其所描述的事物之间的相对位置。指示形容词放在它所修饰的名词前面，并与其保持性数一致。

人称	单数		复数	
	阳性	阴性	阳性	阴性
这个，这些	este	esta	estos	estas
那个，那些	ese	esa	esos	esas
那个，那些	aquel	aquella	aquellos	aquellas

Este hombre es nuestro padre.

Esa mujer es mi madre.

Aquella chica es mi hermana.

指示代词和指示形容词的写法完全一样，只是在书写时要加上重音符号。指示代词在句中起到名词的作用，并和它所指代的名词在性数上保持一致。

人称	单数		复数	
	阳性	阴性	阳性	阴性
这个，这些	éste	ésta	éstos	éstas
那个，那些	ése	ésa	ésos	ésas
那个，那些	aquél	aquélla	aquéllos	aquéllas

¿Quién es aquél?

Aquél es Juan.

六、Verbos con pronombre reflexivo 代词式动词

在西班牙语中，有一类动词，它的主语既是该动词的主语，又是直接宾语或者间接宾语，这类动词叫作自复动词或代词式动词。也就是说，此类动作的发生者和接受者都是同一个人。代词式动词由“及物动词+自复代词-se”构成，动词和自复代词随人称相应变化。

	主格人称	单数代词	主格人称	复数代词
第一人称	yo	me	nosotros, as	nos
第二人称	tú	te	vosotros, as	os
第三人称	él,ella,usted	se	ellos, ellas, ustedes	se

比如：levantar(se)在陈述式一般现在时的变位为 me levanto，te levantas，se levanta，nos levantamos，os levantáis，se levantan.

请对比以下例句：

Todos los días la mamá baña a su hijo. 每天妈妈都给她儿子洗澡。

El chico se baña todos los días. 孩子每天都自己洗澡。

妈妈给孩子洗，主语为妈妈，宾语为孩子，所以用普通的及物动词“bañar”即可。孩子自己给自己洗澡，主语和宾语都是自己，所以要用代词式动词“bañarse”。

Entre tú y yo podemos levantar esta mesa. 你和我一起，我们能够抬起这张桌子。

Nos levantamos muy tarde los sábados y domingos. 周六和周日我们都起得很晚。

七、Pronombres acusativos y pronombres dativos 宾格代词和与格代词

西班牙语中宾格代词用来代替动词的直接宾语。共有六个人称。

主格人称代词	宾格代词
yo	me
tú	te
él，ella，usted	lo，la
nosotros，as	nos
vosotros，as	os
ellos，ellas，ustedes	los，las

宾格代词可置于变位动词之前，与之分写；或置于原形动词后，与之连写。

María, te quiero, ¿me quieres?

Señor Wang, se la presento a la nueva secretaria a usted.

He comprado un móvil nuevo. ¿Quieres verlo?

在命令式中，宾格代词置于命令式变位动词之后，与之连写。必要时应加重音符号，为使动词重读音节保持不变。

El pescado está buenísimo, pruébalo.

Cógelo el libro.

与格代词也有六种人称。

主格人称代词	与格代词
yo	me
tú	te
él, ella, usted	le
nosotros,as	nos
vosotros,as	os
ellos, ellas, ustedes	les

与格代词可置于变位动词之前，与之分写；或置于原形动词后，与之连写。

Manuel, te he llamado por teléfono.

¿Podrías dejarme pasar por aquí?

在命令式中，与格代词置于命令式变位动词之后，与之连写。必要时应加重音符号，为使动词重读音节保持不变。

Tómatela.

Perdóname, es mi culpa.

八、Gustar 使动用法

西班牙语中有一类动词，它的主语为事物或行动，人称为与格受事。如gustar（使……喜欢），parecer（使……觉得），encantar（使……着迷），interesar（使……感兴趣），quedar（使……合适），doler（使……疼痛）等。

如何搭配，以gustar为例：

a mí	me	gusta/gustan	viajar
a ti	te		bailar
a(él,ella, usted)	le		charlar
a(nosotros, nosotras)	nos		la comida
a(vosotros, vosotras)	os		el coche
a(ellos,ellas,ustedes)	les		la vacación

¿Qué te parece el coche que acabo de comprar?

A mí me encanta jugar al baloncesto con mi colega.

A los dos les gusta mucho la comida italiana.

¿No te interesa participar en este proyecto?

Este vestido me queda bien y me lo compro.

九、Forma impersonal 无人称表达法

在西班牙语中，经常用这类句型来表达没有主语的句子。没有主语的原因主要有以下几点：没必要强调主语，主语是众所周知的，说话人不想指明主语。

无人称的结构有：

se+动词的第三人称单数。

Se dice que te vas a salir mañana.

Aquí se come mucha carne y poca verdura.

动词第三人称复数。

Juan, te esperan a la puerta de la empresa.

Me invitan a comer comida china esta noche.

自然现象比如下雨llover，下雪nevar，打雷tronar等，这类动词只有第三人称单数形式，也是无人称句的一种。

Llovió todo el día.

第二章
基础词汇

Capítulo II
Vocabulario común

一、Números 数字表示法

（一）Números cardinales 基数词

0	cero	24	veinticuatro
1	uno	25	veinticinco
2	dos	26	veintiséis
3	tres	27	veintisiete
4	cuatro	28	veintiocho
5	cinco	29	veintinueve
6	seis	30	treinta
7	siete	40	cuarenta
8	ocho	50	cincuenta
9	nueve	60	sesenta
10	diez	70	setenta
11	once	80	ochenta
12	doce	90	noventa

13	trece	100	ciento
14	catorce	200	doscientos
15	quince	300	trescientos
16	dieciséis	400	cuatrocientos
17	diecisiete	500	quinientos
18	dieciocho	600	seiscientos
19	diecinueve	700	setecientos
20	veinte	800	ochocientos
21	veintiuno	900	novecientos
22	veintidós	1000	mil
23	veintitrés	1. 000. 000	un millón

基数词可以放在名词之前，起到形容词的作用。例如：

Los *dos* mecánicos son de nuestra cuadrilla.

这两个机械师是我们队上的。

Las *tres* chicas venezolanas son muy guapas.

这三个委内瑞拉女孩很漂亮。

基数词可以做代词单独使用。例如：

¿Cuánto tiempo va a durar el proyecto?

这个项目要持续多长时间？

Once meses.

十一个月。

基数词用作代词时，可以和定冠词连用，也可以单独使用。例如：

Tengo *tres* hijos. *Los tres* no viven aquí.

我有三个孩子。他们三个都不在这里生活。

基数词uno在阳性名词前去掉词尾o，变成un。如：*un* perforador，一个司钻。在修饰阴性名词时应将词尾o改成a，变成una。如：*una* oficina，一个办公室。

所有个位数为1的基数词，在修饰阳性名词时也应将词尾o去掉；在修饰阴性名词时将词尾o变成a。例如：veintiún alumnos，二十一个学生；treinta y una empleadas，三十一个女员工。

（二）Números ordinales 序数词

第一	primero, ra	第七	séptimo, ma
第二	segundo, da	第八	octavo, va
第三	tercero, ra	第九	noveno, na

第四	cuarto, ta	第十	décimo, ma
第五	quinto, ta	第十一	undécimo, ma
第六	sexto, ta	第十二	duodécimo, ma

序数词是形容词，要与它所修饰的名词保持性数一致。例如：

¿Dónde está mi maleta?

我的行李在哪？

Está en el quinto plato giratorio.

在第五个转盘上。

如果序数词primero和tercero所修饰的词是阳性单数名词，并且primero和tercero置于该名词之前，则应去掉词尾o，变成primer和tercer。例如：

El recorrido del *primer* día fue de 450km.

第一天走了450千米。

Acabo de leer el *tercer* capítulo de la novela.

我刚读完这本小说的第三章。

序数词可以做代词，当它在做代词时要和它所指代的名词保持性数一致。例如：

Es la *cuarta* ciudad de Perú en cuanto al número de habitantes.

在居民数量上，它是秘鲁第四大城市。

序数词primero可以作副词，表示“首先”。例如：

Primero voy a México y después a los Estados Unidos.

我先去墨西哥然后去美国。

（三）Números fraccionarios 分数

1/2	un medio, mitad	2/3	dos tercios
1/3	un tercio, una tercera	3/4	tres cuartos
1/4	un cuarto	4/5	cuatro quintos
1/5	un quinto	5/6	cinco sextos
1/6	un sexto	3/7	tres séptimos
1/7	un séptimo	5/8	cinco octavos
1/8	un octavo	4/9	cuatro novenos
1/9	un noveno	7/10	siete décimos
1/10	un décimo		

表示分数时，分子用基数词，分母用序数词。当序数词作名词，在分子大于1时，要用复数形式。二分之一，三分之一的分母除外。

序数词+parte：当与parte连用时，分子用基数词表示。从3开始的分母用序数词表示。序数词与后面的名词parte保持性数一致，并加冠词。

Las dos terceras partes de los empleados son hombres.

三分之二的员工都是男性。

当分子为1时，用不定冠词或定冠词都可以。

Una tercera parte / la tercera parte de la ciudad se ha refugiado por temor a la guerra.

城里三分之一的人都因为战争逃难去了。

当分数+名词构成的名词短语作主语时，动词通常是与分数保持人称或数的一致，但也可与表示“全体”的名词保持一致，但是一般是与离它最近的成分保持人称和数的一致。

Las tres quintas partes de nosotros sufrió la influencia.

我们之中五分之三的人都感染了流感。

（四）Múltiplo 倍数 

西班牙语五以内的倍数都有具体的词来表示。

一倍	simple	四倍	cuádruple
两倍	doble	五倍	quíntuple
三倍	triple		

多于五倍数的统称múltiple。

倍数前可以加定冠词el。

El peso de este libro es *el triple* del otro.

这本书的重量是另外那本的三倍。

Este almacén es *el doble* de grande que ése.

这家商场是那家的两倍大。

（五）Porcentajes 百分数

%	por ciento
28%	veintiocho por ciento
35. 6%	treinta y cinco punto seis por ciento
69. 5%	sesenta y nueve punto cinco por ciento
100%	cien por ciento

（六）Números de colección 集合数词

集合数词是单数名词，通常与冠词搭配，用来表示一定的数目。

1. decena 十

una decena de piñas 十个菠萝

2. docena 十二，一打

una docena de huevos 一打鸡蛋

media docena de cervezas 半打啤酒

3. veintena 二十

una veintena de ingenieros 二十个工程师

4. centena 一百

una centena de uniformes 一百件制服

5. millar 千

un millar de personas 一千个人

6. cincuentena 五十

una cincuentena de soldados 五十个士兵

7. quincena 十五

la primera quincena del mes 前半个月

la segunda quincena del mes 后半个月

ciento和mil的复数形式也常用来做集合数词。

cientos de camiones 几百辆卡车

muchos miles de refugiados 成千上万的难民

（七）Cuatro aritmética 四则运算的表示

1. 加法

$2 + 2 = 4$	dos más dos *son* cuatro
$2 + 1 = 3$	dos más uno *son* tres
$17+11=28$	diecisiete más once *son* veintiocho

2. 减法

$1 - 1 = 0$	uno menos uno *es* cero
$7 - 3 = 4$	siete menos tres *son* cuatro
$5 - 4 = 1$	cinco menos cuatro *es* uno

3. 乘法

$10 \times 10 = 100$	diez por diez *son* cien
$4 \times 4 = 16$	cuatro por cuatro *son* dieciséis
$8 \times 20 =160$	ocho por veinte *son* ciento sesenta

4. 除法

$40 \div 5 = 8$　　cuarenta *entre* cinco son ocho

$21 \div 7 = 3$　　veintiuno *entre* siete son tres

$72 \div 8 = 9$　　setenta y dos *entre* ocho son nueve

二、Clasificaciones 分类词汇

（一）Expresiones cotidianas 基本表达

序号	西班牙语	汉语
1	Sí	是。
2	No.	不。
3	Por favor.	劳驾，请。
4	¡Gracias!	谢谢！
5	Desde luego. /Claro.	当然。
6	¡De acuerdo!	同意！
7	¡Está bien!	好吧！
8	¡Perdón!	对不起！
9	No pasa nada.	没关系。
10	¡Un momento, por favor!	请稍等！
11	¡Socorro!	救命！
12	¿Quién?	谁？

序号	西班牙语	汉语
13	¿Qué?	什么?
14	¿Dónde?	哪里?
15	¿Adónde?	去哪里?
16	¿Por qué?	为什么?
17	¿Para qué?	为了什么?（表目的）
18	¿Cómo?	怎么?
19	¿Cuánto cuesta?	多少钱?
20	¿Cuánto tiempo?	多长时间?
21	¿A qué hora...?	几点?
22	¿Cuándo?	什么时候?
23	¿Hay...?	有……吗?

例句：

1. ¿De dónde eres? 你来自哪儿?

2. ¿Dónde está la farmacia? 药店在哪儿?

3. ¿Qué lengua se habla aquí? 这里讲什么语言?

4. ¿Quiénes son estas mujeres? 这些女人是谁?

5. ¿Cómo es el nuevo jefe? 新领导人怎么样?

6. ¿Cuántos son en tu casa? 你家有几口人?

（二）Saludos y despedidas 问候和道别

序号	西班牙语	汉语
1	Buenos días. Buen día.	早上好！上午好！
2	Buenas tardes.	下午好！
3	Buenas noches.	晚上好，晚安。
4	Hola. ¿Qué tal?	嗨，你好！
5	¿Cómo estás?	你好吗？
6	¿Cómo te va?	你近况如何？
7	¿Cómo se llama usted?	您叫什么名字？
8	¿Cómo te llamas?	你叫什么名字？
9	¿Cómo se esbribe?	怎么写呢？
10	¿Puedes repetir, por favor?	能请你重复一遍吗？
11	Me llamo...	我叫……
12	No entiendo.	我不明白。
13	señor/señora /señorita	先生 / 女士 / 小姐
14	Adiós. /Hasta la vista.	再见，后会有期。
15	Hasta luego.	回头见，再见。
16	Hasta mañana.	明天见。
17	Chao.	拜拜。

1. Saludar y responder 打招呼和回应

●¡Hola, buen día!

你好！早上好！

○Buenos días.

早上好。

2. Despedirse 告别

●¡Adiós!

再见！

○Hasta mañana.

明天见！

3. Preguntar y contestar el nombre 询问和回答名字

●¿Cómo te llamas?

你叫什么名字？

○Me llamo Daniela.

我叫达妮拉。

●¿Cómo se escribe?

怎么写？

○No entiendo. ¿Puedes repetir, por favor?

我没听懂，你能再重复一遍吗？

●Sí. ¿Cómo se deletra tu nombre?

好。你名字怎么拼写？

○Sí. D-A-N-I-E-L-A. Daniela.

好。D-A-N-I-E-L-A. 达妮拉。

（三）Unidad de medida 计量单位

序号	西班牙语	汉语
1	grado m.	度（气温）
2	tres grados	三度
3	tres grados bajo cero	零下三度
4	milímetro m.	毫米
5	centímetro m.	厘米
6	metro m.	米
7	kilómetro m.	千米
8	milla f.	海里
9	metro cuadrado	平方米
10	kilómetro cuadrado	平方千米
11	litro m.	升
12	gramo m.	克
13	kilo, kilogramo m.	千克

（四）Hora 时间

序号	西班牙语	汉语
1	segundo/minuto/hora	秒 / 分钟 / 小时
2	mañana/tarde/noche	早上 / 下午 / 晚上
3	esta mañana/tarde/noche	今天早上 / 下午 / 晚上
4	mañana por la mañana/ tarde/noche	明天早上 / 下午 / 晚上
5	el fin de semana	周末
6	pronto	立刻，马上，很快
7	esta semana	这个星期
8	la semana pasada	上个星期
9	la próxima semana	下个星期
10	ayer	昨天
11	anteayer	前天
12	hoy	今天
13	mañana	明天
14	pasado mañana	后天
15	todos los días, cada día	每天
16	ahora	现在
17	a veces	有时
18	a menudo	经常，时常
19	de vez en cuando	时不时地
20	dentro de diez días	十天之后

序号	西班牙语	汉语
21	hace quince minutos	十五分钟前
22	hace dos días	两天前

（五）El calendario 星期与月份

序号	西班牙语	汉语
1	lunes	星期一
2	martes	星期二
3	miércoles	星期三
4	jueves	星期四
5	viernes	星期五
6	sábado	星期六
7	domingo	星期日
8	enero	一月
9	febrero	二月
10	marzo	三月
11	abril	四月
12	mayo	五月
13	junio	六月
14	julio	七月
15	agosto	八月

序号	西班牙语	汉语
16	septiembre	九月
17	octubre	十月
18	noviembre	十一月
19	diciembre	十二月

月份不需要大写。

●Estamos en *agosto*.

现在是八月份。

○El 25 de *diciembre* es navidad.

12月25日是圣诞节。

表示星期的单词不需要大写。

●¿Qué día es hoy?

今天是星期几?

○Hoy es *Miércoles*.

今天是星期三。

表示具体日期，应使用前置词a，然后再加日期和月份。

●¿A qué día estamos hoy?

今天是几号?

○Hoy estamos *a uno* de *septiembre*.

今天是九月一日。

●¿A cuántos estamos hoy?

今天是几号？

○Estamos *a doce* de *enero*.

今天是一月十二日。

（六）La temporada y el tiempo 季节和天气

序号	西班牙语	汉语
1	primavera f.	春天
2	verano m.	夏天
3	otoño m.	秋天
4	invierno m.	冬天
5	la lluvia f.	雨
6	la nieve f.	雪
7	el viento m.	风
8	el sol m.	太阳
9	la nube f.	云
10	llueve (inf. llover)	下雨
11	nieva (inf. nevar)	下雪
12	soleado adj.	晴朗的

序号	西班牙语	汉语
13	nublado adj.	阴天的
14	caliente, cálido adj.	热的，炎热的
15	húmedo adj.	潮湿的
16	fresco adj.	凉爽的
17	temperatura f.	温度
18	Hace buen/mal tiempo.	天气好 / 坏
19	Hace frío/calor.	天冷 / 天热
20	Hace viento.	刮风
21	Hay niebla.	有雾
22	truenos y rayos	雷电
23	¿Qué tiempo hace?	天气怎么样？
24	¿Qué temperatura hace hoy?	今天气温多少度？

当hacer用来表示天气状况时，只用第三人称单数。llover和nevar只有第三人称单数变位，分别为llueve和nieva。

Hace mucho viento en *primavera* en Beijing. Mientras en su *verano*, el clima es *cálido* y *húmedo*. También *llueve* mucho. En *invierno*, *hace mucho frío* y *nieva*.

北京的春天风很大。到了夏天，它的气候炎热又潮湿，并且雨水很多。它的冬天非常寒冷还下雪。

（七）Adjetivos usuales 常用形容词

序号	西班牙语	汉语
1	alto adj.	高的
2	bajo adj.	矮的
3	gordo adj.	胖的
4	delgado adj.	瘦的
5	grande adj.	大的
6	pequeño adj.	小的
7	nuevo adj.	新的
8	guapo/bonito adj.	漂亮的
9	feo adj.	难看的
10	simpático adj.	和善的
11	antipático adj.	讨厌的
12	agradable adj.	高兴的
13	desagradable adj.	令人不愉快的
14	joven adj.	年轻的
15	viejo adj.	旧的，年老的
16	fuerte adj.	强壮，有力的
17	débil adj.	虚弱的
18	largo adj.	长的
19	corto adj.	短的
20	bueno adj.	好的

序号	西班牙语	汉语
21	malo adj.	坏的
22	feliz adj.	幸福的
23	contento adj.	高兴的
24	difícil adj.	困难的
25	fácil adj.	容易的
26	limpio adj.	干净的
27	sucio adj.	肮脏的
28	cansado adj.	疲劳的
29	útil adj.	有用的
30	inútil adj.	无用的
31	claro adj.	清楚的
32	necesario adj.	必要的，必需的
33	importante adj.	重要的
34	interesante adj.	有趣的
35	paciente adj.	有耐心的
36	impaciente adj.	不耐烦的

形容词在修饰名词时应与它所修饰的名词保持性的一致。在修饰阴性名词时，形容词的词尾变成a。以e为结尾的形容词没有性的变化，如grande.

Es un chico *alto*, *delgado* y *fuerte*.

他是一个高瘦又强壮的男孩。

Es una casa *limpia* y *grande*.

这是一个又干净又大的房子。

形容词要与它所修饰的名词保持数的一致。以元音为结尾的词在词尾加s，以辅音为结尾的词加es。为保持单词原有的重读音节不变，有的形容词变成复数时需在原有的重读音节上加重音符号。

Pedro y María son dos colegas muy *pacientes* y *simpáticos*.

佩德罗和玛利亚是两个很有耐心且为人和善的同事。

形容人的外貌或性格可用句型：

1. ser+形容词。例如：

Es un chico moreno.

他是一个棕色皮肤的男孩。

2. tener+名词。例如：

Susana tiene los ojos negros.

苏珊娜的眼睛是黑色的。

3. llevar+名词+形容词。例如：

Llevo gafas.

我戴眼镜。

Lleva el pelo rizado.

她留着卷发。

（八）Profesiones 职业

序号	西班牙语	汉语
1	profesión f.	职业
2	obrero, obrera m. f.	工人
3	campesino, campesina m. f.	农民
4	profesor, profesora m. f.	教师
5	estudiante m. f.	学生
6	alumno, alumna m. f.	学生
7	médico,a m. f.	医生
8	enfermero, enfermera m. f.	护士
9	funcionario, funcionaria m. f.	公务员
10	empresario, empresaria m. f.	企业家
11	técnico, técnica m. f.	技术员
12	actor, actriz m. f.	演员
13	escritor, escritora m. f.	作家

序号	西班牙语	汉语
14	pintor, pintora m. f.	画家
15	cantante m. f.	歌手
16	periodista m. f.	记者
17	dependiente m. f.	店员
18	amigo, amiga m. f.	朋友
19	novio, novia m. f.	（有恋爱关系）男、女朋友
20	compañero, compañera m. f.	同学，同伴，同事
21	colega m. f.	同事
22	jefe，jefa m. f.	领导

表述职业的句型为：

1. “ser（变位）+职业”，注意ser和职业之间不加冠词。例如：

Soy *ingeniero*, trabajo mucho todos los días.

我是工程师，每天要做许多工作。

2. dedicarse a... 例如：

●¿A qué te dedicas?

你是做什么的？

○Me dedico a profesora.

我是老师。

（九）Nacionalidades, familia y datos personales 国籍、家庭与个人信息

序号	西班牙语	汉语
1	España/español, española	西班牙 / 西班牙语，西班牙人
2	China/chino, china	中国 / 汉语，中国人
3	Inglaterra/inglés, inglesa	英格兰 / 英语，英国人
4	Francia/francés, francesa	法国 / 法语，法国人
5	Rusia/ruso, rusa	俄罗斯 / 俄语，俄国人
6	Alemania/alemán, alemana	德国 / 德语，德国人
7	Italia/italiano, italiana	意大利 / 意大利语，意大利人
8	Japón/japonés, japonesa	日本 / 日语，日本人
9	Arabia/árabe	阿拉伯 / 阿拉伯人
10	Estados Unidos/estadounidense	美国 / 美国人
11	América Latina/ latinoamericano	拉丁美洲 / 拉丁美洲人
12	México/mexicano, mexicana	墨西哥 / 墨西哥人
13	Chile/chileno, chilena	智利 / 智利人
14	Perú/peruano, peruana	秘鲁 / 秘鲁人
15	Argentina/argentino, argentina	阿根廷 / 阿根廷人

序号	西班牙语	汉语
16	Cuba/cubano, cubana	古巴 / 古巴人
17	datos personales	个人情况
18	nombre m.	名字
19	apellido m.	姓
20	estado civil	婚姻状况
21	divorciado, divorciada adj.	离婚的
22	soltero, soltera adj.	未婚的
23	casado, casada adj.	已婚的
24	viudo, viuda adj.	丧偶的
25	fecha de nacimiento	出生日期
26	lugar de nacimiento	出生地
27	nacionalidad f.	国籍
28	domicilio m.	住址，地址
29	pasaporte m.	护照
30	carnet/documento de identidad	身份证
31	visado m.	签证
32	permiso/carnet de conducir	驾驶执照
33	válido adj.	有效的
34	padre/madre m. f.	父亲 / 母亲
35	papá/mamá m. f.	爸爸 / 妈妈
36	padres	父母
37	abuelo, abuela m. f.	（外）祖父 /（外）祖母

序号	西班牙语	汉语
38	tío, tía m. f.	叔，伯，舅 / 姨，姑，婶
39	hijo, hija m. f.	儿子 / 女儿
40	hijos	子女们
41	hermano, hermana m. f.	兄、弟 / 姐、妹
42	primo, prima m. f.	表兄弟 / 表姐妹
43	sobrino, sobrina m. f.	侄子，外甥 / 侄女，外甥女
44	cuñado, cuñada m. f.	姐夫、妹夫 / 嫂子、弟妹
45	yerno/nuera m. f.	女婿 / 儿媳
46	nieto/nieta m. f.	（外）孙子 /（外）孙女
47	amigo, amiga	朋友

一段短文：

Hola, les voy a contar mi familia. Soy Linda y estoy *soltera*. Mi padre es *chino* y mi madre es *española*. Así hablo *chino* y *español* bien. Tengo dos *tías*. Se llaman Lucía y Ema. Están *casadas* con *españoles*. Sus *hijos* son guapos.

大家好，我要给你们介绍我的家庭。我叫琳达，单身。我的爸爸是中国人，我的妈妈是西班牙人。所以我中文和西班牙语都说得好。我有两个姨妈。她们叫露西亚和艾玛。她们和西班牙人结婚了。她们的儿子都很漂亮。

（十）El horario 作息

序号	西班牙语	汉语
1	levantarse	起床
2	vestirse	穿衣服
3	lavarse	洗漱
4	ducharse	淋浴
5	bañarse	盆浴
6	peinarse	梳头
7	arreglar (se)	打扮
8	descansar	休息
9	hacer siesta	午觉
10	dormir	睡觉
11	acostarse	上床睡觉

一段短文：

Juan es gerente. *Se levanta* temprano porque tiene mucho que tratar todos los días. *Se viste* y *se lava* muy rápido.

胡安是经理。他起床早因为每天他都有许多事要处理。他穿衣服和洗漱都非常快。

（十一）Lugares públicos 公共场所

序号	西班牙语	汉语
1	casa f.	家，房子
2	campo m.	工地
3	edificio m.	建筑物，楼房
4	oficina（拉美）f. /despacho（西）m.	办公室
5	plaza f.	广场
6	calle f.	街道
7	barrio m.	街区
8	tienda f.	商店
9	mercado/supermercado m.	市场 / 超市
10	banco m.	银行
11	cine m.	电影院
12	teatro m.	剧院
13	museo m.	博物馆
14	bar m.	酒吧
15	cafetería f.	咖啡馆
16	restaurante m.	饭店
17	escuela f.	学校
18	escuela primaria	小学
19	escuela secundaria	中学

序号	西班牙语	汉语
20	guardería infantil	幼儿园
21	instituto m.	学院
22	universidad f.	大学
23	biblioteca f.	图书馆
24	hospital m.	医院
25	clínica f.	诊所
26	parque m.	公园
27	peluquería f.	理发店
28	farmacia f.	药店
29	comisaría f.	警察局
30	ayuntamiento m.	市政府
31	correo m.	邮局
32	estación f.	车站
33	hotel m.	旅馆，宾馆

（十二）En casa 家居用品

序号	西班牙语	汉语
1	puerta f.	门
2	abrir v. / abierto p. p	打开 / 打开的
3	cerrar v. / cerrado p. p	关上 / 关闭的

序号	西班牙语	汉语
4	ventana f.	窗
5	suelo m.	地，地面
6	habitación f. / cuarto m.	房间
7	mueble m.	家具
8	vestíbulo m.	门厅
9	salón m.	客厅
10	televisor m.	电视机
11	televisión f.	电视
12	silla f.	椅子
13	sillón m.	扶手椅
14	sofá m.	沙发
15	dormitorio m.	卧室
16	acondicionador m.	空调
17	cama f.	床
18	armario m.	衣柜
19	tocador m.	梳妆台
20	baño m.	卫生间
21	gel de ducha	沐浴液
22	jabón m.	肥皂
23	champú m.	洗发水
24	peine m.	梳子
25	pintalabios m.	口红

序号	西班牙语	汉语
26	perfume m.	香水
27	maquinilla de afeitar	电动剃须刀
28	crema f.	润肤霜
29	papel higiénico	卫生纸
30	detergente m.	洗涤剂
31	cocina f.	厨房
32	frigorífico m.	冰柜
33	nevera f.	冰箱
34	la cocina de gas	煤气灶
35	horno m.	烤箱
36	microondas f.	微波炉
37	fregadero m.	洗涤槽
38	grifo m.	水龙头
39	lavavajillas m.	洗碗机
40	aceite m.	油
41	sal f.	盐
42	vinagre m.	醋
43	azúcar m.	糖
44	especie f.	调料
45	comedor m.	食堂，餐室
46	mesa f.	桌子
47	cubiertos m.	餐具

序号	西班牙语	汉语
48	palillos m.	筷子
49	tenedor m.	叉子
50	cuchillo m.	餐刀
51	cuchara m.	勺子
52	plato m.	盘子
53	tazón m.	碗
54	salero m.	盐瓶
55	azucarero	糖罐
56	garaje m.	车库
57	escalera f.	楼梯
58	terraza f.	阳台
59	jardín m	花园

（十三）La ropa 衣物

序号	西班牙语	汉语
1	ropa f.	衣服
2	ponerse	穿上
3	vestir a alguien	给某人穿衣服
4	traje m.	西服
5	uniforme m.	制服

序号	西班牙语	汉语
6	abrigo m.	大衣
7	cazadora f.	夹克
8	vestido m.	连衣裙
9	vaqueros pl.	牛仔裤
10	chaqueta f.	短外套
11	camisa f. / blusa f.	男式衬衫 / 女式衬衫
12	pantalón m.	裤子
13	jersey m.	毛衣
14	pijama m.	睡衣
15	guante m.	手套
16	bufanda f.	围巾
17	gorro m.	帽子
18	calcetín m.	袜子
19	zapato m.	鞋子
20	de algodón	棉布的
21	de piel	皮革的
22	de cuadros	格子的
23	de lana	羊毛的
24	de layas	条纹的
25	de seda	丝绸的

一组对话：

●Hijo, no corras y ven. *Ponte* tu *abrigo*. Llévate bien el *gorro*, los *guantes* y la *bufanta* de *lana*. Es que hace mucho frío hoy.

儿子，别跑，过来。穿上你的大衣。戴好帽子，手套和羊毛围巾。今天外面很冷。

○Mamá, lo sé. Deje de las palabras repetidas, por favor.

妈妈，我知道了。请您别再说重复的话了。

（十四）Gastronomía 饮食

序号	西班牙语	汉语
1	desayuno m. /desayunar v.	早饭 / 吃早饭
2	almuerzo m. / almorzar v.	午饭 / 吃午饭
3	cena f. / cenar v.	晚饭 / 吃晚饭
4	comida f.	食品
5	comer v	吃
6	beber v.	喝
7	salado adj.	咸的
8	dulce adj.	甜的
9	agrio adj.	酸的

序号	西班牙语	汉语
10	amargo adj.	苦的
11	picante adj.	辣的
12	pan m.	面包
13	arroz m.	米饭
14	paella f.	海鲜饭
15	maíz m.	玉米
16	pasta f.	面条，通心粉
17	empanada f.	包子
18	ravioles m. pl.	饺子
19	hamburguesa f.	汉堡包
20	pizza f.	比萨饼
21	huevo m.	鸡蛋
22	mantequilla f.	黄油
23	mermelada f.	果酱
24	nata f.	鲜奶油
25	ensalada f.	沙拉
26	sopa f.	汤
27	carne f.	肉
28	carne de cerdo	猪肉
29	ternera f.	牛肉
30	cordero m.	羊肉
31	pescado m.	鱼肉

序号	西班牙语	汉语
32	salmón m.	三文鱼
33	gamba f.	虾
34	cangrejo m.	螃蟹
35	calamar m.	鱿鱼
36	jamón m.	火腿
37	salchicha f.	香肠
38	chorizo m.	酸辣肉肠
39	pollo m.	鸡肉
40	bebida f.	饮料
41	cerveza f.	啤酒
42	vino m.	葡萄酒
43	vino tinto	红酒
44	vino blanco	干白
45	champán m.	香槟
46	zumo m.	果汁
47	yogur m.	酸奶
48	limonada f.	柠檬水
49	agua mineral	矿泉水
50	té m.	茶
51	café m.	咖啡
52	refresco m.	冷饮
53	verdura f.	蔬菜

序号	西班牙语	汉语
54	berenjena f.	茄子
55	coliflor f.	花椰菜，菜花
56	judía f.	菜豆，豆角
57	pepino m.	黄瓜
58	zanahoria f.	胡萝卜
59	patata f.	土豆
60	lechuga f.	生菜
61	col f.	卷心菜
62	espinaca f.	菠菜
63	tomate m.	西红柿
64	apio m	芹菜
65	cebolla f.	洋葱
66	ajo m.	蒜
67	pimiento m.	菜椒，辣椒
68	postre m.	饭后甜点
69	caramelo m.	糖果
70	helado m.	冰淇淋
71	galleta f.	饼干
72	tarta f. / pastel m.	蛋糕
73	chocolate m.	巧克力
74	fruta f.	水果
75	nuez m.	坚果

序号	西班牙语	汉语
76	fresco adj.	新鲜的
77	manzana f.	苹果
78	piña f.	菠萝
79	naranja f.	甜橙
80	albaricoque m.	杏
81	plátano m.	香蕉
82	pera f.	梨
83	fresa f.	草莓
84	granada f.	石榴
85	coco m.	椰子
86	melón m.	甜瓜
87	sandía f.	西瓜
88	mango m.	芒果
89	melocotón m.	桃子
90	aceituna f.	橄榄
91	uva f.	葡萄
92	limón m	柠檬
93	aguacate m.	牛油果
94	papaya f.	木瓜
95	ciruela f.	李子

一组对话：

●¿Ya quiere pedir? ¿Qué quieren para beber?

您现在点菜吗？二位来点什么喝的？

○Sí. Una coca cola para mí. Un vaso de *limonada* para mi hija.

是的，给我来个可口可乐。给我女儿来杯柠檬水。

●Bien. ¿Qué quieren para comer?

好。吃点什么？

○De primero queríamos dos *ensaladas*, una de *salmón* y otra de *fruta*. De segundo una *paella* y una *pasta* de *mantequilla*. Y un bistec medio hecho.

首先我们要两份沙拉，一份三文鱼的，一份水果的。然后要一份海鲜饭和一份黄油意面。还有一份半熟的牛排。

●OK. ¿De *postre* qué quieren?

好的。甜点呢？

○Quiero una *nata* con *nuez* y un *helado*, por favor.

劳驾，我要一份坚果奶油和一个冰淇淋。

●Muy bien. Ahora se lo traigo. Buen provecho a los dos.

很好。我马上给你们上菜。祝二位用餐愉快。

（十五）Salir de viaje 出行

序号	西班牙语	汉语
1	ir (a)	去……
2	salir v.	出去
3	entrar v.	进来
4	reservar v.	预定
5	cancelar v.	取消
6	coger v. / tomar v.	乘坐
7	tráfico m.	交通
8	semáforo m.	交通信号灯
9	coche m.	轿车
10	autobús m	公共汽车
11	taxi m.	出租车
12	metro m.	地铁
13	tren m.	火车
14	avión m.	飞机
15	barco m.	船
16	bicicleta f.	自行车
17	moto f.	摩托车
18	billete m.	票
19	horario m.	时刻表
20	mesa de información f.	问讯处

序号	西班牙语	汉语
21	entrada f.	入口
22	salida f.	出口
23	salir v.	出发
24	llegar v.	到达
25	estación f.	车站
26	parada f.	（公共汽车、地铁）站
27	ventanilla f.	售票处
28	precio m.	价格
29	equipaje m.	行李
30	billete de ida y vuelta	往返票
31	billete de ida	单程票
32	¿Cómo se va a... ?	怎样到……去?
33	izquierda f. / a la izquierda	左 / 在左边
34	derecha f. / a la derecha	右 / 在右边
35	todo recto / todo derecho	直走
36	delante de	在……前面
37	detrás de	在……后面
38	junto a	在……旁边
39	frente a / enfrente de	在……对面
40	aquí/allí	这里 / 那里
41	cerca adv.	附近，临近
42	lejos adv.	远，遥远

序号	西班牙语	汉语
43	cruce m.	十字路口
44	curva f.	拐弯处
45	torcer v.	拐弯

一组对话：

●¡Hola, buenos días! Quería saber el *horario* hoy para Madrid.

早上好！我想了解一下今天去马德里的时刻表。

○Tenenos un *tren* que *sale* de aquí a las 10：00 y *llega* allí a las 16：30.

我们有一趟车10:00点出发，16:30到。

●Tarda tanto tiempo. ¿Hay otro con alta velocidad?

太耽误时间了。有没有再快一点的？

○Hay un ave que *sale* a las 11：20. Pero cuesta más caro.

有一趟高铁，11:20出发。但是更贵。

●Qué bien. No importa el precio. Dame un *billete* de éste de *ida y vuelta*. ¿Cuánto es?

太好了。价格没关系。给我一张这趟车的往返票。多少钱?

○85 euros.

85欧元。

●Aquí tiene. ¿Por favor, *cómo se va a* la plataforma?

给您。请问站台怎么走?

○Siga *todo derecho*, gire *a la izquierda* en el primer *cruce*. Allí se ve la *entrada*.

您直走，在一个路口左拐。在那就看到入口了。

●Muchas gracias. Chao.

非常感谢。拜拜。

（十六）Hacer compras 购物

序号	西班牙语	汉语
1	quisiera... / Me gustaría..	我想要……
2	¿Tiene usted... ?	您有……?
3	¿Desea algo más?	您还要别的东西吗?
4	Voy mirando.	我随便看看。
5	¿Cuánto cuesta?	多少钱?
6	quedar(se) con...	留下，要

序号	西班牙语	汉语
7	comprar v.	买
8	vender v.	卖
9	descuento m.	折扣
10	pagar v	付款
11	precio m.	价格
12	caro adj.	贵的
13	barato adj.	便宜的
14	modelo m.	款式
15	regalo m.	赠品
16	hacer devolución	退货
17	dinero m.	钱
18	dólar m. / euro m.	美元 / 欧元
19	tarjeta de crédito	信用卡
20	hacer cola	排队
21	grandes almacenes	百货公司
22	librería f.	书店
23	libro m.	书
24	revista f.	杂志
25	novela f	小说
26	guía f.	旅游指南
27	plano m.	平面图，地图
28	quiosco m.	报亭

序号	西班牙语	汉语
29	periódico m.	报纸
30	tabaco m.	烟草
31	cigarrillo m.	香烟
32	frutería f.	水果店
33	verdulería f.	蔬菜店
34	carnicería f.	肉铺
35	papelería f.	文具店
36	zapatería f.	鞋店
37	talla f.	号码
38	calzar v.	穿（鞋、袜）
39	pastelería f.	甜点店
40	joyería f.	珠宝店
41	boutique f.	精品时装店

一组对话：

●¿En qué puedo ayudarle?

需要我为您服务吗?

○¿Perdona, me puedes enseñar esta falda?

不好意思，你能给我看看这条半裙吗?

●Ahora se la traigo. ¿De qué color y talla quiere?

我这就给您拿来。您要什么颜色和尺码？

○Me parece bien este color pero me veo un poco gordo con esta talla.

我觉得这个颜色不错，但是我穿这个号看上去有点大。

●Le traigo una talla más pequeña. Pruébela.

我给您拿更小号的。您试试吧。

○Me va bien con ésta. ¿Hay descuento?

我穿这个合适。有折扣吗？

●Hacemos un 40% de descuento.

我们打六折。

○Muy bien. Me quedo con esta pieza.

太好了。我要这件。

（十七）En la oficina 在办公室

序号	西班牙语	汉语
1	llamar por teléfono, hacer una llamada	打电话
2	fax f.	传真
3	departamento m.	部门
4	fotocopia f.	复印件

序号	西班牙语	汉语
5	secretaría f.	秘书处
6	secretario, secretaria	秘书
7	compañía f.	公司
8	gerente m.	经理
9	general	总经理
10	gerente de ventas	销售经理
11	gerente de compras	采购部经理
12	negocio m	生意
13	comercial adj..	商业的
14	cotización f. / cotizar v.	报价，开价
15	entrega f. / entregar v.	交货
16	porcentaje m.	百分比，百分率
17	contrato m.	合同
18	firmar el contrato	签合同
19	mercado m.	市场
20	deudas f. pl.	债务
21	divisa f.	外汇
22	pagar en efectivo	付现金
23	gastos m. pl.	费用
24	capital m.	资本
25	impuestos m. pl.	税
26	licitación f.	投标

序号	西班牙语	汉语
27	licencia　f.	许可证
28	carta de crédito	信用证
29	llegar a un acuerdo	达成一致

两组对话：

●¿Sería tan amable decirme el nombre del responsable de este *departamento*?

请问您能告诉我这个部门负责人的名字吗？

○Sí, remita el *contrato* con su *fotocopia* a la atención de la Sra. Elisa, *Gerente de compras*.

好的，你把合同和复印件寄给采购部经理爱丽莎女士。

●Bajamos un *5%* de la *cotización* original para ustedes.

我们在原报价基础上给你们降百分之五。

○Parece que hemos *llegado a un acuerdo*. Espero que podamos hacer mayores *negocios* en el futuro.

我们似乎达成一致了。希望今后我们能做更大的生意。

（十八）Deportes 体育

序号	西班牙语	汉语
1	deporte m.	体育运动
2	deportista m. f.	运动员
3	jugador, jugadora	（球类）运动员
4	Juegos Olímpicos	奥运会
5	estadio m.	体育场
6	pista f.	跑道
7	campo m.	场地
8	equipo m.	队
9	partido m.	比赛
10	atletismo m.	田径
11	correr v.	跑
12	carrera f.	跑
13	saltar v.	跳
14	salto de altura	跳高
15	salto de longitud	跳远
16	lanzar v.	投掷，扔
17	lanzamiento m.	投掷
18	marchar v.	行进，走
19	gimnasia f.	体操
20	boxeo m.	拳击

序号	西班牙语	汉语
21	judo m.	柔道
22	esquía f.	滑雪
23	patinaje m.	滑冰
24	jugar a...	打……
25	fútbol m.	足球
26	futbolista m.	足球运动员
27	baloncesto m.	篮球
28	voleibol m.	排球
29	bádminton m.	羽毛球
30	golf m.	高尔夫球
31	tenis m.	网球
32	nadar v.	游泳
33	ganar v.	赢
34	perder v.	输

一组对话：

●¿Hombre, has visto la final de *fútbol*?

哥们儿，你看足球决赛了吗?

○Por supuesto, Real Madrid *jugó* contra Barca. Real Madrid *ganó*. Barca *perdió* a 1:3.

当然，皇马对巴萨。皇马赢了，巴萨1比3输了。

（十九）El cuerpo e ir a ver al médico 身体部位和就医

序号	西班牙语	汉语
1	cuerpo m.	身体
2	cabeza f.	头
3	cara f. / rostro m.	脸
4	ojo m.	眼睛
5	nariz f.	鼻子
6	oreja f.	耳朵
7	boca f.	嘴，口腔
8	cuello m.	脖子
9	garganta f.	嗓子
10	brazo m.	胳膊
11	pecho m.	胸部
12	cadera f.	胯部
13	espalda f.	背部
14	vientre m.	腹部
15	pierna f.	腿
16	mano f.	手
17	dedo m.	手指
18	rodilla f.	膝盖

序号	西班牙语	汉语
19	pie m.	脚
20	estómago m.	胃
21	hígado m.	肝
22	pulmón m.	肺
23	corazón m.	心脏
24	riñón m.	肾
25	hueso m.	骨骼
26	músculo m.	肌肉
27	diente m. / muela f.	牙齿
28	dolor m.	疼痛
29	me duele...	我……疼
30	tener fiebre	发烧了
31	resfriado m. / p. p	感冒
32	tener resfriado	感冒了
33	estar resfriado	感冒了
34	tos f.	咳嗽
35	enfermo adj.	生病的
36	marearse v.	头晕
37	sudar v.	出汗
38	sangrar vi.	流血，出血
39	análisis m.	分析，化验
40	sangre f.	血

序号	西班牙语	汉语
41	orina f.	尿
42	deposición f.	大便
43	auscultar v.	听诊
44	consultorio m.	门诊室
45	diagnosticar v.	诊断
46	recetar v.	开处方
47	medicina f.	医学，药
48	tableta f.	药片
49	inyección f.	注射
50	radiografía f.	X 光透视

一组对话：

●Doctor, hace dos días que me siento muy mal: no tengo apetito, *me duelen* mucho la *garganta* y la *cabeza*. Creo que *estoy resfriado*.

大夫，两天前开始我就很不舒服：我没胃口，嗓子和头都很疼。我想我感冒了。

○Sí, es *gripe*. No fumes. Descansa bien y toma mucha agua. Toma esta *pastilla* 3 veces al día, una pastilla cada vez. Si no te encuentras mejor, vuelve a mi consulta a ponerte *inyecciones*.

对，是感冒。你别抽烟。休息好，多喝水。你吃这个药，一次一粒一天三次。如果没见好，再来门诊打针吧。

（二十）Verbos 常见动词（原形形式）

序号	西班牙语	汉语
1	abrir	打开
2	acompañar	陪伴
3	acostarse	(上床)睡觉
4	almorzar	吃午饭
5	andar	走，走路
6	aplaudir	鼓掌
7	aprender	学会
8	arreglar	修理
9	auscultar	听诊
10	ayudar	帮助
11	bailar	跳舞
12	bajar	下来，降低
13	besar	亲吻
14	barrer	扫
15	beber	喝
16	buscar	寻找

序号	西班牙语	汉语
17	calzar	穿（鞋、袜）
18	caminar	走，走路
19	cantar	唱歌
20	causar	引起
21	celebrar	举行，庆祝
22	cenar	吃晚饭
23	cerrar	关上
24	comer	吃
25	comprender	懂，理解
26	conocer	认识，了解
27	contestar	回答
28	conversar	会话
29	copiar	抄写
30	corregir	改，改正
31	creer	相信，认为
32	dejar	放下
33	desayunar	吃早饭
34	descansar	休息
35	desear	希望
36	despertar（se）	起床
37	devolver	归还
38	discutir	讨论

序号	西班牙语	汉语
39	dominar	掌握，掌控
40	dormir	睡觉
41	durar	持续
42	empezar	开始
43	encontrar	找到
44	enseñar	教
45	entrar	进入
46	escribir	写
47	escuchar	听
48	esperar	等，等待
49	estudiar	学习
50	explicar	解释
51	expresar	表达
52	faltar	缺少
53	guardar	保存
54	gustar	使……喜欢
55	haber	有
56	hablar	说，说话
57	importar	重要
58	interesar	使……感兴趣
59	invitar	邀请
60	lavarse	洗，洗漱

序号	西班牙语	汉语
61	leer	阅读，读
62	limpiar	清扫
63	llegar	到达
64	llevar	带走
65	marchar	行进
66	meter	塞进
67	mirar	看，注视
68	molestar	打扰
69	mostrar	展示，拿给……看
70	mover	移动
71	necesitar	需要
72	ocurrir	发生
73	oir	听见
74	ordenar	命令，整理
75	pagar	付款，支付
76	parecer	好像，使觉得
77	pasar	过，递给
78	pasear	散步
79	pedir	请求，要求，借入
80	pensar	想
81	perdonar	原谅
82	permitir	允许

序号	西班牙语	汉语
83	poner	放置，安放
84	practicar	实践
85	preferir	喜欢，偏爱
86	preguntar	提问题
87	preparar	准备
88	presentar	介绍
89	prestar	借出
90	probar(se)	试，试（衣服）
91	producir	发生，生产
92	quedar	留下，处于（某种状态）
93	quitar(se)	去掉，脱下
94	recetar	开药方
95	recibir	接受，接待
96	recoger	拾起，收拾
97	recomendar	推荐
98	reconocer	认出，承认
99	recordar	记忆，记住
100	regresar	回来，返回
101	repasar	复习
102	representar	代表，表演
103	responder	回答
104	reunirse	会集，聚集

序号	西班牙语	汉语
105	romper	弄破，打破
106	sacar	取出
107	salir	离开，出去
108	saludar	问候，打招呼
109	seguir	继续
110	sentar（se）	坐下
111	sentir	感觉，抱歉
112	señalar	指出
113	servir	服务
114	soler	惯常
115	sonar	响
116	subir	上去
117	terminar	结束
118	tocar	触摸
119	tomar	拿起，享用
120	trabajar	工作
121	traer	带来
122	usar	使用
123	utilizar	使用
124	valer	值……
125	vestir(se)	穿衣服
126	viajar	旅行

序号	西班牙语	汉语
127	visitar	参观，访问
128	vivir	生活，居住
129	volver	回来，返回

规则动词变位（列举四种常见时态）：

原形动词	陈述式一般现在时	简单过去时	命令式	否定命令式
trabajar	trabajo	trabajé	—	—
	trabajas	trabajaste	trabaja	no trabajes
	trabaja	trabajó	trabaje	no trabaje
	trabajamos	trabajamos	—	—
	trabajáis	trabajasteis	trabajad	no trabajéis
	trabajan	trabajaron	trabajen	no trabajen
comer	como	comí	—	—
	comes	comiste	come	no comas
	come	comió	coma	no coma
	comemos	comimos	—	—
	coméis	comisteis	comed	no comáis
	comen	comieron	coman	no coman

原形动词	陈述式一般现在时	简单过去时	命令式	否定命令式
vivir	vivo	viví	—	—
	vives	viviste	vive	no vivas
	vive	vivió	viva	no viva
	vivimos	vivimos	—	—
	vivís	vivisteis	vivid	no viváis
	viven	vivieron	vivan	no vivan

自复被动句：

在西班牙语中，较频繁使用自复被动句来表达被动。自复被动句由受事主语和se加上动词的第三人称变位构成。动词变位与受事主语保持人称一致。

自复被动句的特点是：

1. 主语和宾语为同一物体，均为受事，是无生命的物件。

2. 动词必须是及物动词，因为只有及物动词才能带受事。

3. 动词只以第三人称形式出现，与受事主语保持数的一致，并在前面加代词se。

La tienda *se abre* a las 9 de la mañana.

商店早晨九点开门。

La fiesta *se efectúa* por la noche.

聚会在晚上举行。

En la carretera *se* produjo un accidente.

公路上发生了一起事故。

三、Vocabulario técnico de perforación 常用钻井词汇

（一）Condición del trabajo 钻井工况

序号	西班牙语	汉语
1	mudar taladro/mudanza	搬家
2	transportar/transportación	运输
3	vestir equipo/instalar	安装
4	levantar cabria	起井架
5	alinear top drive con la mesa rotaria	校正井口
6	modificar/modificación	整改
7	iniciar la perforación	开钻
8	primera fase	一开
9	correr conductor	下导管

序号	西班牙语	汉语
10	cementación de conductor	固导管
11	segunda fase	二开
12	registro direccional	测斜
13	correr totco	吊测
14	registro geofísico	录井
15	correr revestidor de superficie	下表套
16	cementación	固井
17	cortar y soldar revestidor	切割和焊接套管
18	montar cabezal	装井口
19	vestir BOP	安装封井器
20	cambiar ranes	更换闸板
21	vestir nipple campana	安装喇叭口
22	probar presión/prueba de presión	试压
23	cambiar BHA y mecha	更换钻具组合及钻头
24	cortar cable de perforación	割大绳
25	tercera fase	三开
26	perforar cuello, cemento y zapata	钻浮箍、水泥和套管鞋
27	preparar o condicionar lodo	准备调整钻井液
28	perforar	钻进
29	conectar con la tubería	接单根，接立柱
30	ampliar hoyo	扩眼
31	repasar	划眼

序号	西班牙语	汉语
32	repasar en retroceso	倒划眼
33	circular/circulación	循环
34	maniobrar/reciprocar	活动钻具
35	sacar tuberías	起钻
36	bombear lodo	灌浆
37	bajar tuberías	下钻
38	viajes	起下钻
39	viaje corto	短起下
40	terminar la perforación	完钻
41	correr registros electrónicos	电测
42	viaje de limpieza después de registro	测井后起下钻通井
43	correr revestidor de producción	下油套
44	quebrar tubería de perforación	甩钻具
45	completación	完井作业
46	desvestir equipo	拆甩设备
47	desmontar/desmontaje	拆卸
48	desmontaje de taladro	拆卸钻机
49	deslizar taladro/correr taladro	拖架子
50	tiempo perdido durante la mudanza	搬家期间损失的时间
51	tiempo de viaje	起下钻时间
52	parar por mal tiempo	天气原因停等

序号	西班牙语	汉语
53	parar por reparación mecánica	机械修理停等
54	parar por problemas laborales	人工停等
55	falla de registros eléctricos	电测故障
56	falla de equipo en corta núcleos	取心设备故障
57	cortar núcleos	取心，割心
58	preparar y bombear pildora	准备泵入计量罐钻井液
59	inspección de tubería	钻具检测
60	rata reducida/rata baja	低泵冲测试
61	normalizar circulación	建立循环

（二）Correr la tubería de revestimiento y la cementación

下套管及固井 

序号	西班牙语	汉语
1	correr la tubería de revestimiento	下套管
2	casing/revestidor/camisa	套管
3	revestidor de superficie	表层套管
4	llave de casing	套管钳
5	zapata flotadora	浮鞋
6	cuello flotador	浮箍
7	centralizador	套管扶正器

序号	西班牙语	汉语
8	línea de cementación	灌浆管线
9	preparar para cementar	准备固井
10	circular para cementer	循环准备固井
11	trabajo remedial	二次固井
12	cabeza de cementación	水泥头
13	empaque de llenado automático	循环接头
14	colgador de revestidor	悬挂器
15	división de cementación	分级箍
16	tapón de desplazamiento	胶塞
17	tapón superior	上胶塞
18	tapón inferior	下胶塞
19	asentar el tapón	坐胶塞
20	camión de cementación	固井车
21	silo de cemento	灰罐
22	cemento	水泥
23	lechada de cemento	水泥浆
24	lechada dirigida	领浆
25	lechada de cola	尾浆
26	reflujo	回流
27	saco	袋
28	esperar por fraguado del cemento	候凝
29	cortar revestidor	切割套管

序号	西班牙语	汉语
30	levantar BOP/asentar casing	上提封井器，座套管
31	topar cemento	碰水泥塞
32	perforación de tapón del cemento	钻水泥塞

（三）Huecos desviados relacionados 定向井相关

序号	西班牙语	汉语
1	azimuth	方位
2	inclinación	井斜
3	patas de perro	狗腿度
4	construir inclinación	增斜
5	caer inclinación/caer ángulo	降斜
6	mantener inclinación	稳斜
7	hacer corrección	扭方位
8	vertical	垂直
9	horizontal	水平的、水平
10	pozo horizontal	水平井
11	desplazamiento horizontal	水平位移
12	objetivo	靶心
13	radius	靶区半径
14	grado	度数

序号	西班牙语	汉语
15	equipo de survey	测斜仪
16	trayectoria del pozo	井眼轨道，井身剖面
17	MWD	无线随钻测斜仪
18	LWD	无线随钻录井仪

（四）Propiedad del lodo 钻井液性能

序号	西班牙语	汉语
1	lodo	钻井液
2	densidad	密度
3	concentración	浓度
4	viscosidad	黏度
5	viscosidad de embudo	漏斗黏度
6	contenido de arena	含砂量
7	esfuerzo cortante	剪切力
8	YP/yield point	动切力
9	filtración	滤失性
10	lubricidad	润滑性
11	valor pH	pH 值
12	torta	泥饼
13	contenido de sólidos	固相含量

序号	西班牙语	汉语
14	cloro	氯离子
15	cloruro de calcio	氯化钙
16	cloruro de sodio	氯化钠
17	polímeros	聚合物
18	baritina	重晶石粉
19	bentonita	膨润土
20	carbonato de calcio	碳酸钙
21	calcio	钙
22	soda caústica	烧碱
23	sólido	固相
24	base de agua	水基
25	corte	岩屑
26	píldora pesada	重浆
27	píldora viscosa	稠浆
28	acondicionar lodo	调整钻井液

（五）Complicación en el pozo y el accidente 复杂与事故

序号	西班牙语	汉语
1	pescar/pesca	打捞
2	operación de pesca	打捞作业

序号	西班牙语	汉语
3	pescado/pez	落鱼
4	arrastre	遇卡
5	pega	粘卡
6	taladro atrapado	卡钻
7	pega del puente	砂桥卡钻
8	punto de pega	卡点
9	deslizo de taladro	溜钻
10	perforación lateral	侧钻
11	hueco en tuberías	刺漏
12	derrumbe/derrumbamiento	井塌
13	pérdida de circulación	井漏
14	rellenar el pozo	填井
15	influjo de gas	气侵
16	influjo del agua	水侵
17	flujo de repose	溢流
18	chorreo de pozo	井涌
19	reventón de pozo	井喷
20	matar pozo	压井
21	cerrar el pozo	关井
22	ranura	键槽
23	embolamiento	泥包
24	punto libre	自由点

序号	西班牙语	汉语
25	pistonear	拔活塞
26	controlar la pérdida de circulación	控制钻井液漏失

（六）Equipamento de la perforación 钻井设备

序号	西班牙语	汉语
1	torre de perforación	井架
2	subestructura/soporte de torre de perforación	底座
3	pata de torre	井架大腿
4	viga de torre de perforación	井架横梁
5	poste grúa/la “A”	人字架
6	encuelladero/segunda plataforma	二层台
7	balcón	操作台
8	vigas principales	主梁
9	tabla de dedo/peines	指梁
10	travesaños	拉筋
11	taladro	钻机
12	plataforma	钻台
13	corona/torre de poleas/cornisa	天车
14	top drive/TDS	顶驱

序号	西班牙语	汉语
15	riel	顶驱轨道
16	bloque viajero	游车
17	gancho del bloque	大钩
18	unión giratoria	水龙头
19	mesa rotatoria/mesa rotativa	转盘
20	malacate/cabrestante	绞车
21	buje para corrida de revestidor	传动箱
22	carrete de maniobras	猫头
23	winche	气动绞车
24	tubo vertical	立管
25	manguerote de lodo	水龙带
26	ratonera	大鼠洞
27	hoyo de ratón	小鼠洞
28	unidad hidráurica	液压站
29	caseta de perforador/cabina de perforador	司钻房
30	casa de perro	钻台偏房
31	canasta de tuberías	立根盒
32	rampa	坡道
33	planchada	猫道
34	rompa de tubería	滑道
35	resbaladera	逃生滑梯

序号	西班牙语	汉语
36	escalera	梯子
37	rack de tuberías	管排架
38	línea de superficie	地面管线
39	motor diesel	柴油机
40	generador	发电机
41	compresor	空气压缩机
42	casa de fuerza	配电房
43	tanque de diesel	柴油罐
44	freno eléctrico	电磁刹车
45	tanque de enfriamiento	冷却水罐
46	caseta de SCR	SCR 房（电控房）
47	niple de campana	喇叭口
48	ancla de la línea muerta	死绳固定器
49	guaya/cable de perforación	钻井大绳
50	guaya para subir el torre	起架大绳
51	guaya para subir la base	起座大绳
52	almacén	库房
53	protector de corona	防碰天车
54	taller	修理房
55	indicador de peso	指重表
56	bomba de prueba de presión	试压泵

（七）Equipamento de control de pozos y accesorios

井控设备及配件

序号	西班牙语	汉语
1	preventor de reventones/BOP	封井器
2	válvula anular/universal/anular	环形
3	válvula de ranes	闸板封井器
4	válvula doble/sencillo	双闸 / 单闸板
5	válvula ciega	全封
6	ranes cortadores	剪切闸板
7	ranes de tubería	半封闸板
8	ranes superiores	上闸板
9	ranes inferiores	下闸板
10	juego de ranes	闸板总成
11	acumulador	蓄能器
12	diverter	分流器，低压封井器
13	BOP interno	内防喷器
14	separador de gas y líquido	液气分离器
15	manifold de choque/ líneas de control efluente	节流管汇
16	cabeza de revestidor	套管头

序号	西班牙语	汉语
17	sección A	A 部分
18	sección B	B 部分
19	tuberiá de venteo de flujo	放喷管线
20	línea anti-expelente	防喷管线
21	línea de matar	压井管线
22	quemador de gas	电子点火装置
23	consola de control remoto	远程控制台
24	consola de choque-manifold	节控箱
25	consola de perforación	司控台
26	flanche	法兰
27	adaptador de flanche	转换法兰
28	válvula de presión hidráulica	液压阀
29	válvula de flujo simple	单流阀
30	sello de ranes de tubería	顶密封
31	choque hidráulica	节流阀 (液动)
32	choque manual	节流阀 (手动)
33	tapón de prueba	试压堵塞器
34	la sección inferior del árbol	三通
35	aparato de control de pozos	井控设备

（八）Equipamento de control del sólido 固控设备

序号	西班牙语	汉语
1	tanque de lodo	钻井液罐
2	tanque de reserva	储备罐
3	tanque de circulación	循环罐
4	tanque de mezcla	混浆罐
5	tanque de viaje	缓冲罐，补给罐
6	tanque de agua	水罐
7	zaranda	振动筛
8	desarenador	除砂器
9	guardabarros	除泥器
10	desgasificador	真空除气器
11	desgasificador atmosférico	常压除气器
12	centrifuga/centrifugadora	离心机
13	bomba	泵
14	bomba de fluido de perforación	钻井泵
15	bomba de lodo	钻井泵
16	bomba de mezcla	混浆泵
17	bomba hidráulica	喷淋泵
18	bomba de centrífuga	离心泵
19	bomba de succión	上水泵
20	bomba de carga	灌注泵

序号	西班牙语	汉语
21	bomba de corte	剪切泵
22	mezcladora/mezclador	搅拌器
23	fosa de lodo	钻井液槽
24	embudo	漏斗
25	línea de flujo	返出管线
26	línea de llenado	灌浆管线
27	tubería de alta presión	高压管线
28	válvula de tubo longitudinal	立管闸门
29	línea de succión	上水管

（九）Sarta y herramienta de fondo del pozo 钻柱及井下工具

序号	西班牙语	汉语
1	tubería	钻杆
2	tubería de juntas cortas	短钻杆
3	varilla simple	单根
4	varilla doble	双根
5	pareja	立柱
6	sarta	钻柱，管串

序号	西班牙语	汉语
7	tubería de perforación	钻具
8	composición inferior	钻具组合
9	tubo reforzado de perforación	加重钻杆
10	portamecha	钻铤
11	portamecha no magnética	无磁钻铤
12	portamecha espiral	螺旋钻铤
13	motor del fondo	螺杆
14	herramienta dinámica de perforación de subsuelo	井下动力钻具
15	martillo de perforación	随钻震击器
16	amortiguador	减震器
17	estabilizador	扶正器
18	cortatubos	割管器
19	rima	扩眼器
20	raspador para revestidor	套管刮削器
21	cuadrante/Kelly	方钻杆
22	conexión segura de cuadrante	方保接头
23	conexión con válvula flotadora	浮阀接头
24	conexión	接头
25	mecha	钻头

序号	西班牙语	汉语
26	mecha tricónica	牙轮钻头
27	pala a chorro	喷射式刮刀钻头
28	Las palas de tres puntas	三刮刀钻头
29	fresa	磨鞋
30	herramienta de pesca	打捞工具
31	cesta de pesca	打捞篮
32	pescador magnético	强磁打捞筒
33	bloque magnético	强磁打捞器
34	vaso de recuperación junto con taladro	随钻打捞杯
35	pescante de arpón	打捞矛
36	pescador de agarrar externo	打捞筒

（十）Herramienta del cabezal 井口工具

序号	西班牙语	汉语
1	llave en forma B	B 型大钳
2	alicate interior	内钳
3	alicate exterior	外钳
4	llave hidráulica	液压大钳
5	tenaza	吊钳

序号	西班牙语	汉语
6	cuña	卡瓦
7	araña de seguridad	安全卡瓦
8	cuña neumática	气动卡瓦
9	cuña de varias piezas	多片式卡瓦
10	cuña de tres piezas	三片式卡瓦
11	elevador	吊卡
12	elevador de tubería	钻杆吊卡
13	elevador con varilla simple	单根吊卡
14	elevador de casing	套管吊卡
15	elevador de tubing	油管吊卡
16	tapón de elevación	提丝
17	levantador/niple elevador	提升短节
18	sacamecha/quebrador de mecha	钻头卸扣器
19	canasta de broca	钻头盒子
20	brazo para elevador/aro de izamiento	吊环
21	buje	补心
22	buje del cuadrante	方瓦
23	limpiatubos	钻杆刮泥器
24	guarda-barro	钻井液防喷盒

（十一）Repuestos y accesorios 零件与配件

序号	西班牙语	汉语
1	cilindro de pistón	缸套
2	pistón	活塞
3	pistón vástago	拉杆
4	clavo de bomba	保险销
5	cuerpo de válvula	阀体
6	asiento de válvula	阀座
7	cámara de aire/amortiguador de aire	空气包
8	balón de aire	空气包气囊
9	canón central	水龙头中心管
10	tubo de lavador	冲管
11	tubo de cuello-ganso	鹅颈管
12	tapa de malacate	钻机护罩
13	motor	电机
14	tambor/carrete	滚筒
15	embrague/croches	离合器
16	bloque de freno	刹车片
17	eje de freno	刹车轴
18	banda de freno	刹带
19	revestimiento de la banda de freno	刹带衬片
20	ensamblaje de freno	刹车总成

序号	西班牙语	汉语
21	caja de transmisión	传动箱
22	cilindro de motor	柴油机气缸
23	pistón de motor	柴油机活塞
24	tapa de cilindro	气缸盖
25	filtro de diesel	柴油滤子
26	filtro de aire	空气滤子
27	filtro de aceite lubricante	机油滤子
28	carburador	汽化器
29	tubo de escape	排气管
30	cardán	万向轴
31	cojinete	轴承
32	tapa del cojinete	轴承盖
33	válvula	阀门
34	tapa de válvula	阀盖
35	volante	飞轮
36	interruptor	开关
37	líneas eléctricas	电缆（导线）
38	interruptor electrónico	电子自动开关
39	repuesto electrónico	电子部件
40	conmutador electrónico	电子整流器
41	bobina de inductancia	镇流器
42	motor de corriente alternativa	交流电动机

序号	西班牙语	汉语
43	motor de corriente continua	直流电动机
44	transformador trifásico	三相变压器
45	canasta de cable	电缆槽
46	anclaje	地锚
47	válvula de retención	止回阀
48	cabeza de la llave	钳头
49	cuerda de cola	钳尾绳
50	polea	滑轮
51	aparejo	滑轮组
52	engranaje	齿轮
53	codo	弯头
54	enchufer	插头
55	batería	电瓶
56	contrapeso	吊钳平衡块（重锤）

（十二）Herramientas comunes 常用工具

序号	西班牙语	汉语
1	llave de tubo	管钳
2	llave de cadena/mango	链钳
3	llave	扳手

序号	西班牙语	汉语
4	llave ajustable	活动扳手
5	llave golpe	锤击扳手
6	llave de copa	套筒扳手
7	llave mixta	多用死扳手
8	llave fija	开口扳手
9	llave exagonal	内六方扳手
10	llave de torque	扭矩扳手
11	llave inglesa	梅花扳手
12	alicate	手钳子
13	cortadora	断线钳
14	prensa	台虎钳
15	alicates para anillos	卡簧手钳
16	tijera	剪刀
17	cortaguaya	电缆剪
18	destornillador de estrella	梅花起子
19	destornillador plano	平口起子
20	destornillador	起子、螺丝刀
21	lima	锉刀
22	lima semiredonda	半圆锉
23	pala	铁锹，铲子
24	espátula	扁铲
25	segueta	钢锯

序号	西班牙语	汉语
26	barra	撬杠
27	el policía	加力管
28	mandarria	大锤
29	martillo de mano	小锤子
30	hacha	斧子
31	metro	米、米尺
32	cinta métrica	卷尺
33	regla	尺子
34	calibrador micrométrico/vernier	游标卡尺
35	nivel	水平尺
36	regla de acero	钢板尺
37	pico	镐
38	carretilla	小推车
39	escoba	扫把
40	linterna	手电筒
41	polipasto	倒链
42	gato	千斤顶
43	tarraja	攻丝
44	cincel	冷凿
45	torch	割枪
46	soplete soldador	焊枪
47	engrasador	黄油枪

序号	西班牙语	汉语
48	corta guaya	断绳器
49	esmeril	砂轮机
50	taladradora eléctrica	电钻
51	segueta	钢锯
52	herramienta extratora	拔缸器，手摇泵
53	saca-asiento	阀座取出器
54	sacacamisas	缸套拉拔器
55	cubo	桶
56	amperímetro	电流表
57	voltímetro	电压表
58	brocha	刷子
59	cepillo	钢丝刷

（十三）Materiales comunes 常用材料

序号	西班牙语	汉语
1	canal “U”	槽钢
2	acero angular/ángulo	角钢
3	plancha de acero/lámina de acero	钢板
4	acero	钢
5	chatarra	废铁
6	alambre	铁丝

序号	西班牙语	汉语
7	tuerca	螺母
8	perno	螺栓
9	tornillo	螺丝
10	espárrago	螺杆
11	guaya	钢丝绳
12	cuerda	绳
13	cuerda de nylón	尼龙绳
14	faja	吊带
15	eslinga	吊索，套索
16	grasa	润滑脂
17	lubricante	润滑油
18	diesel	柴油
19	aceite hidráulico	液压油
20	pintura	油漆
21	o-ring	O 型密封圈
22	arandela	垫圈
23	arandelas de seguridad	锁紧垫圈
24	teflón	生料带，密封带
25	empacadura	盘根
26	clavo	钉子
27	cinta adhesiva	胶布
28	pecamento	胶水
29	diente	牙，钳牙

序号	西班牙语	汉语
30	trapo	棉纱
31	varilla de soldadura	焊条
32	varilla de bronce	铜焊条
33	geomembrana	防渗布
34	carpa	帆布，帐篷
35	la ¨ U ¨	U 形卡子
36	grillete	绳卡
37	chaveta	键，开口销
38	candado	锁
39	resorte	弹簧
40	correa	皮带
41	tubo cuadrado	方管
42	tablero	钢木基础
43	tablón	木板
44	zaranda	筛布
45	soporte	支撑
46	llave interna	背钳
47	pin de seguridad	别针
48	botella de oxígeno	氧气瓶
49	acetileno	乙炔
50	oxígeno	氧气
51	acople rápido	快拔接头

（十四）Terminología común de perforación 常用钻井术语

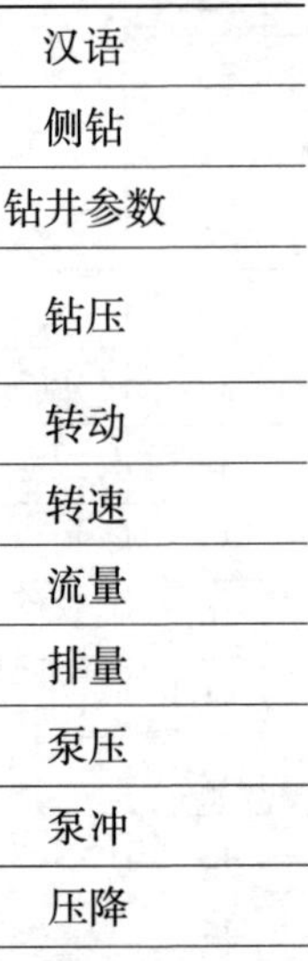

序号	西班牙语	汉语
1	perforación desviada	侧钻
2	parámetros de perforación	钻井参数
3	peso sobre la mecha/ peso sobre la barrena/peso sobre la broca	钻压
4	rotación	转动
5	velocidad de la mesa rotativa	转速
6	caudal	流量
7	desplazamiento	排量
8	presión de bomba	泵压
9	embolada	泵冲
10	caída de presión	压降
11	peso en la sarta	悬重
12	momento de torsión/torques	扭矩
13	sistema de circulación	循环系统
14	rotar	旋转
15	desconectar/desconección	卸扣
16	dar torques	上扣
17	pozo de desarrollo	开发井
18	inyector de agua	注水井

序号	西班牙语	汉语
19	pozo de macolla	丛式井
20	pozo vertical	直井
21	eficiencia de bomba	泵效
22	fondo arriba	迟到时间
23	espesor de pared	壁厚
24	desplazar/desplazamiento	顶替
25	tonelada milla	吨英里
26	kelly down	方入
27	circulación en reserva	反循环
28	espacio anular	环空
29	unión de tubería	工具接头
30	reporte diario	日报
31	chorro	水眼
32	sacar presión/liberar presión	泄压
33	martillar	震击
34	asentar cuña	坐卡瓦
35	derecha	正转
36	cuadrilla/equipo de perforación	井队
37	cabezal	井口
38	profundidad	井深
39	hoyo	井筒
40	fondo	井底

序号	西班牙语	汉语
41	pared del pozo	井壁
42	protector de rosca	护丝
43	rosca	丝扣
44	terrajar a mano derecha	正扣
45	terrajar a mano izquierda	反扣
46	caja	母扣
47	pin	公扣
48	control de pozos	井控
49	certificado de control de pozos	井控证
50	presión hidrostática	静液压力
51	grado de acero	钢级
52	funcionamiento	工况
53	presión de fractura de formación	地层破裂压力

（十五）Posición personal 岗位人员

序号	西班牙语	汉语
1	ocupación/profesión/puesto	岗位，职业
2	gerente general	总经理
3	gerente del proyecto	项目经理
4	subgerente del proyecto	项目副经理

序号	西班牙语	汉语
5	director	主任
6	gerente del taladro	平台经理
7	ingeniero geólogo	地质工程师
8	ingeniero direccional	定向工程师
9	ingeniero de perforación	钻井工程师
10	ingeniero de lodo	钻井液工程师
11	supervisor	监督
12	superintendente	总监
13	supervisor de veinticuatro	24 小时监督
14	supervisor de doce	12 小时监督
15	supervisor de seguridad	安全监督
16	tourpusher	带班队长
17	perforador	司钻
18	auxiliar de perforador	副司钻
19	encuellador	井架工
20	cuñero/obrero de taladro	钻工
21	mecánico	机械师
22	motorista	柴油机工
23	soldador	电焊工
24	electricista	电器师
25	chófer	司机
26	operador de grúa	吊车司机

序号	西班牙语	汉语
27	operador de montacargas	叉车司机
28	bodeguero	材料员
29	traductor/asistente	翻译 / 助手
30	coordinador	协调员
31	soldado	士兵
32	escolta	随从，护卫队
33	guardia	保安
34	cocinero	厨师
35	limpiador/barrendero	清洁工
36	doctor/médico	医生
37	enfermero	护士
38	huelga	罢工
39	turno	白班
40	trabajo por turno	倒班

（十六）Equipo de protección personal y seguridad 劳保及安全

序号	西班牙语	汉语
1	equipo de seguridad	安全设备
2	faja/cinturón de seguridad	安全带

序号	西班牙语	汉语
3	guaya de seguridad	安全绳
4	yoyo	防坠落绳
5	cuerda ayudante	助力器
6	cuerda de escape	逃生绳
7	mosquetón	弹簧钩（安全绳挂钩）
8	equipo de protección personal	劳保
9	casco de seguridad	安全帽
10	barbiquejo	帽带
11	braga	工服
12	botas	工鞋
13	cinta reflectiva	反光带
14	chaleco reflectivo	反光背心
15	guantes	手套
16	guantes dieléctricos	绝缘手套
17	impermeable	雨衣
18	botas para lluvia	雨鞋
19	lentes de seguridad	安全镜
20	lentes oscuros	黑色安全眼镜
21	lentes claros	透明安全眼镜
22	máscara de filtro	防毒面具
23	máscara para polvo	防尘面具
24	mascarilla/tapabocas	口罩

序号	西班牙语	汉语
25	protector auditivo	耳塞
26	detector de humo	烟雾探测器
27	incendio	火灾
28	explosión	爆炸
29	extintor	灭火器
30	extintor de polvo seco	干粉灭火器
31	extintor con llantas	轮式灭火器
32	bomba para incendios	消防泵
33	uniforme anti-flama	消防服
34	sulfuro de hidrógeno/H_2S	硫化氢
35	manga de viento	风向标
36	detector de H_2S	硫化氢探测器
37	detector de gas	气体探测仪
38	respirador	呼吸器
39	salida de emergencia	紧急出口
40	punto de reunión	紧急集合点
41	letrero	安全标语
42	cinta de peligro	安全警示带
43	alfombrilla antideslizante	防滑垫
44	cerramiento de malla	铁网围墙
45	lámpara de emergencia	应急灯
46	pararrayos	避雷针

序号	西班牙语	汉语
47	estación de lavar ojos	洗眼台
48	seguridad	安全
49	salud	健康
50	higiene	卫生
51	ambiente	环境
52	instrucción	说明，使用说明
53	permiso de trabajo en caliente	动火许可
54	introducción	入场教育
55	dañar/daño	伤害，损害
56	ruido	噪声
57	alarma	报警器
58	viento	风
59	botiquín	急救箱
60	espacio confinado	密闭空间
61	plan de contingencia	应急计划
62	simulacro de control de pozos/ preventor de surgencia	防喷演习
63	simulacro	演习

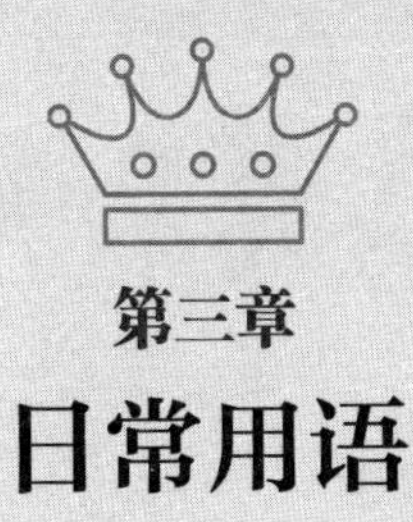

第三章 日常用语

Capítulo III Expresiones comunes

一、Viajando en avión 在飞机上

1. ¿Qué quiere tomar usted?

您要喝点什么饮料?

2. Dame un vaso de té/zumo/agua/whisky por favor.

请给我一杯茶/果汁/水/威士忌。

3. Prefiero el pollo/el res.

我选择鸡肉/牛肉。

4. Por favor, ayúdame a agregar un poco de hielo.

请帮我加一些冰。

5. Siento un poco de frío/calor.

我觉得有些冷（热）。

6. ¿Se puede darme una manta más?

可以再给我一条毯子吗？

7. No hay sonido en mis auriculares. ¿Puedo cambiar otro?

我的耳机没有声音，可以换一个吗？

8. ¿Se puede ajustar bien su asiento?

可以麻烦您将座位调正吗？

9. Perdone, ¿dónde está el asiento 56A?

请问56A座位在哪里？

10. ¿Puedo solicitar una mejora de aisento ahora?

现在还可以办理升舱吗？

11. Me siento un poco incómodo. ¿Hay algún medicamento para el mareo en el avión?

我觉得有些不舒服，飞机上有晕机药吗？

12. El avión aterrizó temporalmente debido a las condiciones climáticas.

飞机因天气原因临时降落。

13. No se preocupe, las protuberancias del avión sólo se verán afectadas por el flujo de aire temporal.

不要担心，飞机颠簸只是受临时气流的影响。

14. ¿Cuándo va a llegar al destino el avión?

飞机什么时间到达目的地?

15. ¿Ofrece una taza noo fuera de tres comidas?

非用餐时间提供杯面吗?

二、Hacer transbordo **转机**

1. ¿Dónde está la sala de estar?

请问躺椅休息区在哪里?

2. ¿Hay restaurantes chinos en el aeropuerto?

请问机场有中餐厅吗?

3. Perdone, ¿dónde hay agua caliente para beber?

请问哪里有热的饮用水?

4. ¿Hola, podría consultar la información de mi vuelo?

你好，能帮忙查一下我的航班信息吗?

5. ¿Podría ayudarme a buscar mi compañero? Es que nos despedimos.

能帮我找一下同伴吗？我们走散了。

6. Quiero facturar maletas.

我想办理行李托运。

7. Por favor, ayúdame a verificar el hotel de alojamiento de tránsito.

请帮我查询一下中转住宿酒店。

8. ¿Perdone, cómo va a la puerta de embarque B21?

请问B21登机口怎么走？

9. ¿Mi billete de avión está perdido, se puede volver a emitirme el billete?

我的机票丢失了，可以补办吗？

10. Perdí la oportunidad, ¿puede consultar el último horario de vuelo para mí?

我误机了，可以帮我查下最近的航班时间吗？

11. ¿En la tienda libre de impuestos del aeropuerto hay guías de compras chinos?

机场免税店有中国导购吗？

12. ¿Dónde está la oficina de cambio de moneda?

请问货币兑换处在哪里？

13. En la tienda libre de impuestos, puede comprar leche en polvo, relojes, cosméticos, tabaco y alcohol.

在免税店可以购买奶粉、手表、化妆品、烟酒等商品。

14. Voy a Beijing, ¿hay un límite para la cantidad y el tipo de productos comprados?

我要去北京，购买商品数量和种类有限制吗？

15. ¿Puedo establecerme en USD / RMB?

可以使用美元/人民币结算吗？

三、En la aduana **在海关**

1. ¿Viene usted por negocios o por turismo?

您来是做生意还是观光？

2. Vengo por negocios.

我来公干。

3. Haga el favor de presentar su pasaporte, pliego de aduana

y el impreso de la declaración de salud.

请您出示护照、报关单和健康申报单。

4. Éstos son, tómelos.

这些是，给您。

5. ¿Podría usted abrir la maleta?

请打开您的手提箱好吗？

6. No son nada más que vestidos y otras cosas de uso cotidiano, sin objeto ilícito alguno.

只有一些衣物和日用品，没有违禁品。

7. ¿Cuánto tiempo va a quedarse?

您准备待多长时间？

8. Voy a estar dos meses.

我准备待两个月。

9. ¿Su declaración es consistente con la situación real?

你的申报单是否和实际一致？

10. A la izquierda está el paso externo y a la derecha está el paso nacional.

左边是外国人通道，右边是本国人通道。

11. Voy a quedar una noche en Caracas, luego voy a Maturín.

我在加拉加斯住一晚，然后去马杜林。

12. No hace falta pagar impuestos dentro de 200 dólares.

200美元之内不需要交税。

13. ¿Cuánto cobra estos objetos?

这些物品价值多少钱？

14. Vengo aquí trabajando para PDVSA.

我来这是为PDVSA工作。

15. Favor de expedir una factura del visado para mí, gracias.

麻烦您帮我开具签证费用发票，谢谢！

四、Alojarse en el hotel **入住酒店**

1. ¿Dónde puedo tomar el autobús de enlace al hotel?

请问在哪里乘坐去酒店的班车？

2. ¿Se ofrece bolsa de aseo en la habitación?

房间内提供洗漱用品吗？

3. ¿Podría decirme la cuenta y la contraseña de wifi?

请问无线网账号和密码是什么？

4. ¿A qué hora va al aeropuerto el autobús de enlace?

班车早上几点去机场？

5. ¿Cuándo vendrá el próximo autobús de enlace?

下一班班车什么时候到？

6. Ésta es la reserva de mi habitación.

这是我的房间预订单。

7. Espera un momento.

请稍等。

8. Guarda tu pasaporte.

请收好您的护照。

9. ¿Necesita mi firma?

需要我签字吗？

10. ¿Se puede proporcionar una habitación?

可以提供一个双人间吗？

11. ¿Cuál es el tiempo más tarde para dejar la habitación?

最晚几点退房？

12. Haga el favor de despertarme a las 7 de la mañana, gracias.

请在早上七点叫醒我，谢谢！

13. ¿Dónde está el comedor?

餐厅在哪里？

14. El servicio del hotel es muy bueno.

酒店的服务非常好。

15. Es el número 201 del segundo piso.

二楼201房间。

五、Hacer viaje 出行

1. Vamos a la cuadrilla 25 primero y luego a la 36.

我们先去25队，再去36队。

2. Llénelo con 100 litros de gasolina por favor, la gasolina No. 95 es para automóviles.

请给我加100公升汽油，95号车用汽油。

3. Perdón, ¿podría usted indicarme el camino para ir a la estación de autobúses?

对不起，汽车站怎么走?

4. Siga adelante y doble a la izquierda en el segundo cruce.

一直往前走，在第二个十字路口左拐。

5. Muchas gracias por su orientación.

感谢您为我指路。

6. La encontrarás al doblar la esquina.

拐弯就是。

7. ¿Sabes cómo llegar a esta dirección?

您知道怎么去这个地址吗?

8. ¿Adónde vas?

你要去哪里?

9. Rápido, me apresuro a coger el avión.

请快一点，我要赶飞机。

10. ¿Cuánto cobra el taxi para ir al centro comercial?

到商场车费多少钱?

11. Puede usted tomar el autobús y bajar en la segunda parada.

您可以坐公共汽车，在第二站下。

12. ¿Cuánto tiempo tarda si toma el metro?

坐地铁要花多长时间?

13. ¿Podría avisarme al llegar a la parada?

到站了请叫我一声好吗?

14. ¿Señora, es éste el camión para el parque?

女士，这是去往公园的公交车吗?

15. Presenta tu papel de identidad, por favor.

请提供一下你的身份信息。

六、Actividades **活动**

1. El fin de semana vamos a la granja.

周末我们准备去农场。

2. Celebramos una fiesta simple para el empleado cuando pasa su cumpleaños.

员工生日时，我们会举办简单的庆祝聚会。

3. Tomamos una foto juntos.

我们一起合个影吧。

4. Propongo que todos cantemos una canción juntos.

我提议大家一起唱首歌。

5. Esta noche nos reunimos a cenar para celebrar la fiesta de primavera.

今晚我们准备聚餐庆祝春节。

6. Es una buena idea hacer un viaje conduciendo por nosotros mismos.

自驾游是个不错的主意。

7. Organizamos un juego de fútbol/baloncesto.

组织一场足球赛/篮球赛。

8. ¿Sabes tocar la guitarra?

你会弹吉他吗?

9. La amistad se puede promover durante las actividades.

在活动中可以促进友谊。

10. Me gusta salir de excursión y comer en el campo.

我喜欢郊游和野餐。

11. Hoy hace buen tiempo y nos conviene salir.

今天天气晴朗，适合外出。

12. Quiero ir a la playa.

我想去海边玩。

13. ¿Quién ganó el partido?

比赛谁赢了？

14. ¿Te gustan las actividades colectivas?

你喜欢集体活动吗？

15. ¡Te comportas brillante!

你的表现很出色！

七、Hacer compras 购物

1. ¿Hay descuento?

现在有折扣吗？

2. ¿Puedo pagar por tarjeta/en efectivo?

我可以刷卡/现金付款吗?

3. Quiero ir a la tienda a comprar algo para picar y artículos cotidianos de uso.

我想去商店买些零食和日用品。

4. Voy al supermercado esta tarde. ¿Quieres que te compre algo?

我今天下午要去超市，需要帮你买什么吗?

5. ¿Podrías ayudarme comprar una camiseta?

你可以帮我买件T恤回来吗?

6. ¿A qué hora abre/cierra la tienda?

商店几点开门/关门?

7. Voy mirando.

我只是随便看看。

8. ¿Hay un tamaño más grande de este par de zapatos?

这双鞋有大一号的吗?

9. ¿Si hay recuerdos para vender aquí?

请问这里有纪念品吗？

10. Aquí está su cambio.

找您的钱。

11. Se abre a las 8 de la mañana entre semana, pero los fines de semana, a las 9.

平时上午8点开，但周末9点开。

12. ¿Puedo probarlo?

我能试试吗？

13. ¿Puede rebajar un poco más el precio?

可以再便宜点吗？

14. ¿Cuánto cuesta? / ¿Cuánto vale?

这卖多少钱？

15. Me quedo con él / ella.

我买了。

八、Llamar por teléfono 打电话

1. ¿Si me permite pedir su celular a hacer una llamada?

能否借用一下您的手机打个电话？

2. ¿Sabe cómo marcar el número de China?

您知道如何拨打中国的手机号吗？

3. Quiero hacer una conferencia internacional.

我想打个国际长途电话。

4. ¿Tengo prisa, me permite saber su número de celular?

我有急事，可以告诉我他的手机号吗？

5. Perdón por hacer una llamada incorrecta.

抱歉打错电话了。

6. Hola. Querría hablar con el señor García.

你好，我找迦西亚先生。

7. Un momento, no cuelgue (el auricular).

稍等，您别挂电话。

8. Él no está. ¿Quiere dejarle un recado?

他不在，您能留个口信吗？

9. ¿No oigo bien, puede repetir una vez más?

我没有听清，可以再重复一遍吗？

10. ¿Hola, con quién quiere hablar?

您好，请问您找哪位？

11. ¿De parte de quién, para qué me busca?

您是哪位，找我有什么事吗？

12. Estás hablando con María.

我是玛丽雅。

13. Sí, por favor.

是的，麻烦了。

14. El gerente Zhang está en una reunión, devuelva la llamada en una hora por favor.

张经理在开会，请一小时后再打来。

15. Tengo que colgar el teléfono.

我得挂电话了。

九、Saludos y lenguaje educado 问候和礼貌用语

1. ¡Hola!

你好！

2. ¡Buenos días! / ¡Buenas tardes! / ¡Buenas noches!

上午好 / 下午好 / 晚上好！

3. Bien, (gracias), ¿y tú? / muy bien / Voy tirando.

好,（谢谢），你呢？/ 非常好 / 马马虎虎。

4. De nada.

不客气。

5. Perdón.

对不起。

6. No pasa nada.

没关系。

7. Hasta luego. / Hasta mañana.

回见 / 明天见。

8. ¿Está bien tu familia?

你家人都好吗？

9. Buen fin de semana.

周末愉快。

10. ¿Cómo te va los últimos días?

近来怎么样？

11. ¡Felicidades!

祝贺你！

12. ¡Felices fiestas!

节日快乐！

13. Mucho tiempo sin verte.

好久不见。

14. Que le vaya todo bien.

祝您一切顺利。

15. Me alegro mucho de verte de nuevo.

非常高兴能再见到你。

十、Visitar al médico 看病

1. Me duele mucho aquí.

我这个地方很疼。

2. Siento dolor de cabeza / náuseas / dolor en las articulaciones / debilidad de las extremidades.

我感觉头疼/恶心/关节痛/四肢无力。

3. Puede que me haya resfriado.

我可能是感冒了。

4. Tengo fiebre.

我有些发烧。

5. Tengo muchas erupciones en mi cuerpo.

我身上起了很多疹子。

6. Mi mano fue cortada.

我的手被割伤了。

7. Quiero medir mi presión arterial.

我想测量一下血压。

8. ¿Es grave la enfermedad que padezco?

我的病严重吗?

9. ¿Es necesario hospitalizarme?

我需要住院吗?

10. Tres veces al día, dos pastillas cada vez.

一日三次，每次两片。

11. ¿Cuánto tiempo te ha durado este síntoma?

这个症状持续多久了?

12. Toma dos pastillas y tómate un buen descanso.

吃两片药，好好休息一下。

13. Que te recobres pronto.

祝你早日恢复健康。

14. De prisa llama al doctor.

快打电话叫医生。

15. ¿Has visitado al doctor?

你看过医生了吗?

十一、Conversaciones cotidianas 日常沟通

1. ¿Dormiste bien anoche?

昨晚睡得好吗？

2. ¿Te gusta la comida china?

你喜欢吃中餐吗？

3. ¿Qué comiste al mediodía?

你中午吃的什么？

4. ¿Dónde sueles salir de viaje durante las vacaciones?

假期你一般去哪里度假？

5. ¿A qué equipo apoyas?

你支持哪个球队？

6. ¿Qué haces en los momentos de ocio?

闲暇时，你干些什么？

7. ¿A qué hora te levantas normalmente?

每天你几点起床？

8. ¿De dónde es usted?

您来自哪儿？

9. ¿Habla usted español?

您会说西班牙语吗？

10. Nevará en invierno en China.

中国的冬天会下雪。

11. El Festival de Primavera es la fiesta más importante de China.

春节是中国最重要的节日。

12. Soy de China.

我来自中国。

13. Sí, un poco. / Hablo muy mal el español.

会讲一点。/ 我的西班牙语很差。

14. Haga el favor de hablar despacio.

请您慢点说。

15. Me gusta escuchar la música de moda.

我喜欢听流行音乐。

十二、Fechas y horas 日期和时间

1. ¿Qué día es hoy?

今天星期几?

2. ¿A cuándo estamos hoy?

今天几号?

3. ¿Qué hora es?

现在几点?

4. Hoy es lunes.

今天星期一。

5. Estamos a 20 de febrero de 2018.

今天是2018年1月20日。

6. Son las dos.

现在两点。

7. Son las cinco y cuarto.

现在是五点一刻。

8. La diferencia de tiempo es de 12 horas.

时差有12小时。

9. He estado trabajando aquí por cinco años.

我在这里工作五年了。

10. Mi reloj es dos minutos más lento.

我的表慢两分钟。

11. El avión despegará en una hora.

飞机还有1小时起飞。

12. Mi teléfono muestra la hora de Beijing.

我的手机显示的是北京时间。

13. Nos encontraremos de nuevo en tres días.

我们三天后再见面。

14. ¿Qué día estás disponible la próxima semana?

您下周哪天有时间?

15. Estoy muy ocupado todo el día.

我一整天都特别忙。

十三、El tiempo 天气

1. El clima siempre está cambiando en esta temporada.

这个季节天气总是变化无常。

2. ¿Has oído el parte meterológico?

你听天气预报了吗？

3. Parece que va a llover.

看起来要下雨了。

4. El viento sopla afuera.

外面在刮大风。

5. ¿Cuál es la temperatura?

温度是多少？

6. El invierno en Beijing es muy frío.

北京的冬天很冷。

7. Hoy es un buen día.

今天是个好天气。

8. El aire después de la lluvia es muy fresco.

雨后的空气很清新。

9. ¡La gran lluvia!

雨下得真大！

10. Va a hacer buen tiempo los próximos días.

以后几天天气晴朗。

11. El parte anuncia que el mes que viene habrá una tormenta.

天气预报说下个月会有一场暴风雨。

12. ¿Nevará en invierno aquí?

这里的冬天会下雪吗？

13. ¿Cuál temporada te gusta más?

你喜欢哪个季节？

14. El tiempo es cada vez más frío.

天气越来越凉了。

15. Es niebla.

起雾了。

十四、Presentación 介绍

1. ¿Cómo se llama usted?

您叫什么名字？

2. Me llamo Tomás.

我叫托马斯。

3. ¿Cómo se apellida usted?

您姓什么？

4. Me apellido Pérez.

我姓佩雷斯。

5. ¿Cómo se escribe?

怎么写？

6. Permitan que me presente.

让我自我介绍一下。

7. ¿Es usted Pablo Fernández?

您是巴布罗·费尔南德斯吗？

8. Fue el Sr. Wang quien me presentó a venir.

是王经理介绍我来的。

9. ¿Se habían conocido antes?

你们之前就认识吗?

10. ¿Puedes presentarmos para conocer?

可以介绍我们认识一下吗?

11. Rosa, permítame presentarte a un amigo mío.

罗莎，让我介绍一下我的朋友。

12. Permítame presentarle a mi colega, la señorita Zhang.

请容许我介绍一下我的同事，张小姐。

13. Este es Liu Xiangdong, nuestro gerente.

这是刘向东，我们的经理。

14. Quiero que conozcas a mi colega Wang Dong.

我想让你见见我的同事王东。

15. Señor Beck, éste es Ronaldo, de la compañía E.

Beck先生，这是罗纳尔多，来自E公司。

十五、Señales públicos 公共标识

1. No se permite fumar.

禁止吸烟。

2. Está prohibido entrar.

禁止入内。

3. Admisión de empleados solamente.

闲人免进。

4. No se permiten silbidos.

禁止鸣笛。

5. No se permite tomar fotos.

请勿拍照。

6. Horario de oficina.

办公时间。

7. Horario comercial.

营业时间。

8. Entrada.

入口。

9. Salida.

出口。

10. ¡Peligro!

危险！

11. ¡Advertencia!

警告！

12. Servicio para caballeros.

男厕。

13. Servicio para señoras.

女厕。

14. Por favor, haga cola conscientemente.

请自觉排队。

15. Reduzca la velocidad.

减速慢行。

十六、Comunicación entre colegas 工作沟通

1. Por favor complete este trabajo antes del 1 de agosto.

请在8月1日前完成此项工作。

2. Por favor revisa los datos.

请核对一下这些数据。

3. ¿Cuáles son las reglas de la ley sobre esto?

法律对此有什么规定?

4. Por favor revise las leyes o políticas relevantes.

请查询一下有关法律或者政策。

5. Por favor dame la asistencia de esta semana.

请把这周的考勤给我。

6. El gerente Zhang te pide que vayas a la oficina.

张经理叫你去办公室。

7. Informe a todos que se reúnan a las tres de la tarde.

通知大家下午三点开会。

8. ¿Hay algún problema?

有什么问题吗？

9. Entrega bien el trabajo antes de las vacaciones.

休假前把工作交接好。

10. Lucy es responsable del reembolso financiero.

露西负责财务报销方面的工作。

11. ¿Puedes hacer un favor?

可以帮个忙吗？

12. Trabaja dos horas extras esta noche.

今晚你加班两小时。

13. No entiendo muy bien en este aspecto.

这个地方我不太明白。

14. Usted es responsable de cumplir con la inspección de la compañía principal y preparar los materiales del informe.

由你负责迎接此次甲方检查，准备一下汇报材料。

15. Efectuamos un entrenamiento de control de incendio para todos los empleados el viernes.

周五对所有员工进行消防培训。

十七、Gestión de empleados 雇员管理

1. Dígale al trabajador que canjee el cheque.

告诉工人可以兑换支票了。

2. Por favor, cumpla con las regulaciones de gestión de la empresa.

请遵守公司管理规定。

3. Aquellos que violen la disciplina laboral serán advertidos.

违反劳动纪律者将被警告。

4. Si tiene algo para pedir permiso para ausentarse, debe tomarse un tiempo libre por adelantado.

有事不能上班，要提前请假。

5. ¿El salario del trabajador ha sido pagado hoy?

工人的工资今天到账了吗？

6. Por favor, espere pacientemente y el salario llegará esta semana.

请大家耐心等待，工资本周到账。

7. Un trabajador renunció.

有一名工人辞职了。

8. Seleccionaremos 10 empleados sobresalientes.

我们将评选十名优秀员工。

9. Un empleado fue seleccionado para asistir a la capacitación en China.

选派一名员工到中国参加培训。

10. El perforador de la cuadrilla 15 fue despedido por mala conducta grave.

15队井架工因为严重失职被开除了。

11. Los empleados de la cuadrilla 22 se declararon en huelga y exigieron un aumento en los salarios.

22队雇员罢工，要求提高工资待遇。

12. La cuadrilla 06 necesita un trabajador temporal hoy y uno de los perforadores está enfermo.

06队今天需要一名临时工，有一个钻工病了。

13. El costo del tratamiento para los trabajadores debido a lesiones relacionadas con el trabajo corre a cargo de la empresa.

工人因工伤产生的治疗费用由公司承担。

14. Elena, has llegado tres veces tarde esta semana.

艾伦娜，你这周都迟到三次了。

15. El gerente quiere hablar contigo.

经理想和你谈谈。

十八、Contratar al empleado 招聘雇员

1. ¿Cómo te llamas?

你叫什么名字？

2. ¿Qué edad tienes?

你多大年纪了？

3. Presenta tu experiencia laboral.

介绍一下你的工作经历。

4. ¿Qué hiciste antes?

你以前是干什么的？

5. ¿Cuánto tiempo te ha pasado en este puesto?

从事这个岗位多长时间了？

6. ¿Dónde vive tu familia?

你家住在哪里？

7. ¿Qué especialidad estudiabas en la universidad?

你在大学学的什么专业？

8. ¿Cuáles son tus especialidades?

你有什么特长。

9. Preséntate brevemente.

简单介绍一下你自己。

10. ¿Cuáles son sus requisitos de salario?

你对薪水有什么要求？

11. Usted está contratado.

你被录用了。

12. Firme el contrato laboral mañana.

明天来签劳动合同。

13. El período de prueba es de tres meses.

试用期为三个月。

14. ¿Cómo sabías sobre nuestra compañía?

你是怎么知道我们公司的？

15. ¿Entiendes el trabajo del grupo de perforación?

你了解钻井队的工作吗？

十九、Negociaciones 谈判协商

1. Proporcione una cotización para su computadora.

请提供一下电脑的报价单。

2. ¿Cuántos proveedores participan en la licitación?

有几家供货商参加招标？

3. ¿Cuál es el presupuesto final para la empresa de pruebas?

检测公司的最终报价是多少？

4. Queremos comprar un lote de extintores de incendios.

我们想购买一批灭火器。

5. ¿Puedes bajar el precio un poco más?

您能把价格再降低一些吗?

6. ¡Feliz cooperación!

合作愉快!

7. Espero su respuesta.

期待您的答复。

8. La fortaleza y reputación de nuestra empresa son excelentes, no te decepcionará.

我们公司实力、信誉俱佳，您不会失望的。

9. Desafortunadamente, no podemos aceptar este precio.

很遗憾，我们无法接受这个价格。

10. Por favor pague lo más pronto posible.

请尽快付款。

11. ¿Qué piensas de esto?

你对此怎么看?

12. He cambiado de idea.

我改主意了。

13. Deja de vacilar.

别再犹豫了。

14. Da una respuesta definitiva, por favor.

请（你）给个明确的答复。

15. Depende de ti.

由你决定。

二十、Emergencias 紧急情况

1. Por favor, póngase en contacto con mi empresa.

请联系我的公司。

2. Por favor no me lastimes.

请不要伤害我。

3. No llamaré a la policía.

我不会报警。

4. Esto es todo mi efectivo.

这是我的全部现金。

5. No me resisto, acepto darte dinero.

我不反抗，我同意给你们钱。

6. ¿Dónde está la estación de policía más cercana?

请问最近的警察局在哪里?

7. Estoy perdido. ¿Qué es este lugar?

我迷路了，请问这是什么地方?

8. Mi billetera fue robada.

我的钱包被偷了。

9. Por favor muestra tu pase.

请出示你的通行证。

10. ¿Alguien habla inglés aquí?

这儿有人说英语吗?

11. ¡Socorro!

救命!

12. ¡Que venga alguien!

快来人哪!

13. ¡Agarra al ladrón!

抓小偷啊！

14. ¡Alarma rápida!

快报警！

15. ¡Llama a la ambulancia!

快叫救护车！

第四章

钻井施工用语

Capítulo IV

Expresiones de operación de perforación

一、Operación de perforación 钻井现场施工

（一）Transportación, instalación y prueba del taladro 钻机的搬家、安装、调试

1. Preparen todo para la mudanza.

为搬家做准备（把一切都准备好）。

2. Quite el preventor de reventones y la sección inferior del árbol.

拆掉封井器和三通。

3. El equipo fue dañado durante la transportación.

设备在运输过程中损坏了。

4. Deben utilizar la eslinga segura.

要使用安全、可靠的绳套。

5. Amarra la eslinga de manera que no se resbale.

拉紧绳套，这样它就不会打滑了。

6. Hay que operar con la gualla de guía para subir algo pesado.

吊重物一定要有牵引绳。

7. Se prohibe pasar a nadie en torno al radio de movimiento del brazo de grúa.

吊臂旋转半径下，禁止人行走。

8. ¿Ya empezaron a vestir el taladro?

他们已经开始安装钻机了吗？

9. La cuadrilla realizó el armado del taladro en pocas horas.

队员们在几个小时内完成了钻机安装工作。

10. El equipo de perforación ya está montado/instalado.

钻机已安装完毕。

11. ¿Ya armaron el balcón del encuelladero del taladro?

二层台的操作台已经安装到位了吗？

12. ¿La grúa colocó la rampa?

吊车把坡道安装到位了吗？

13. ¿Por qué no levantas la mesa rotativa primero?

你为什么不先把转盘吊起来?

14. ¿Engancharon ya la eslinga al bloque?

你们已经勾住滑轮上的吊索了吗?

15. Asegure firmemente el tubo vertical a la pata de la torre de perforación.

把立管安全牢靠地固定到井架大腿上。

16. Coloquen la mesa rotativa.

安放转盘。

17. El malacate se colocó por medio de la grúa.

绞车通过吊车放置到位。

18. Se pusieron el niple de campana, los tensores, la manguera y la mesa rotativa.

他们安装了喇叭口，正反螺丝杆，管线和转盘。

19. Dile al electricista que instale las líneas.

告诉电器师安装线路。

20. Ponte la manguera de retorno de lodo.

安装钻井液回收管线。

21. Los preventores de reventones están sujetados con tensores.

封井器用正反螺丝杆固定牢靠。

22. Coloquen el carrete adaptador 9 5/8"–10 3/4" sobre el tope de la brida.

将9 5/8"转10 3/4"的变径短节安装在法兰顶部。

23. Quiebren la unión giratoria y el cuadrante.

甩掉水龙头和方钻杆。

24. Terminamos de armar el equipo.

我们完成了设备的安装。

25. Ahora empezamos a revisar/examinar y regular/probar el equipo de perforación.

现在开始检查和调试钻机。

26. Podemos empezar la perforación aproximadamente a la una de la tarde.

大约下午1点可以开钻。

27. Estos materiales deben colocarse en un lugar antihúmedo

y libre de rayo solar.

这些材料要注意防潮和防晒。

28. Este trabajo debe finalizarse dentro de dos semanas.

这项工作应该在两周之内完成。

29. Nos falta gente.

我们人手不足。

30. Se dañaron los pines cuando botaron los tubos.

销子在拆卸的过程中损坏了。

（二）Perforar 钻进

1. Echen tres sacos de papelillo en el lodo antes de iniciar a perforar.

开始打钻前，在钻井液中加入三袋Jellflake。

2. Avísame cuando la mecha toque el fondo.

钻头接触井底时通知我。

3. Deben perforar conforme a los parámetros determinados.

要按照规定参数钻进。

4. La velocidad de la perforación durante la primera sección

puede ser de 160 y el peso sobre la barrena/broca, de 2000 libras.

一开采用转速160，钻压2000磅。

5. Prendan/enciendan las dos bombas, emboladas de 100, presión de bomba, 6 MPa.

开双泵，泵冲100，泵压6兆帕。

6. Reduzcan la presión de la bomba a 200 P. S. I.

将泵压降低到200psi。

7. La cantidad de peso sobre la mecha es controlado por medio del freno.

钻压通过刹车控制。

8. Perforen con menos peso para que no se desvie el pozo.

钻进时少加一些钻压，这样就不会斜了。

9. Mantengan un peso constante sobre la mecha.

保持钻压不变。

10. Ahora hace falta la intensificación del peso de la barrena/broca.

现需要加大钻压。

11. Aumenta la velocidad de la mesa rotatoria hasta 150 revoluciones.

把转盘转速提高到150转。

12. La mesa rotativa está girando a 100 revoluciones por minuto.

转盘转速是每分钟100转。

13. Si no reducimos la velocidad de la mesa rotativa, no tardaremos mucho tiempo en pescar.

如果不降低转盘转速，过不了多久我们就要进行打捞作业。

14. Riman una vez cuando terminen la perforación de cada tubería durante el proceso de la primera sección.

打完单根，划眼一次，直到打完一开。

15. Apunten bien un tercio de los cambios de registro de presión de la bomba.

做好正常排量三分之一的泵压记录。

16. Paren la bomba después de un metro de perforación.

钻进1米后，停泵。

17. Conéctenlo con la tubería.

接单根。

18. ¿Se sacó el cuadrante/Kelly de la mesa rotaria?

方钻杆提出转盘面了吗?

19. Me parece que el taladro/la broca no está afilado.

我估计，钻头磨光了。

20. La mecha comenzó a funcionar mal y la sacaron.

钻头开始打不动了，他们把它起出来了。

21. Acaba de cambiarse el taladro en el turno anterior.

上一班刚换完钻头。

22. Dejen de preocuparse, sigan perforando.

别担心，继续钻吧。

23. Empieza a perforar.

开始钻进。

24. El perforador continuó perforando.

司钻继续钻进。

25. Perforamos hasta los ocho mil pies.

我们钻进至8000英尺。

26. Estamos perforando a la profundidad de ocho mil pies.

我们正在8000英尺的深度钻进。

27. Estamos perforando en arena dura.

我们正在钻硬砂层。

28. ¿Se perforó hasta el Eoceno?

钻进至始新世地层了吗?

29. La formación Eoceno tiene mayor resistencia de penetración que la de Mioceno.

始新世地层的抗钻性比中新世地层要高。

30. Estas ranuras son muy pejudiciales para la perforación.

这些键槽十分不利于钻进。

（三）Viaje 起下钻

1. Échenle cinco sacos de bentonita al lodo antes de sacar la tubería fuera del hoyo.

起钻前在钻井液中加入五袋膨润土。

2. El lodo debe ser acondicionado antes de sacar la tubería

del hoyo.

钻井液应该在起钻前进行处理。

3. Alístense para sacar la tubería del hoyo.

做好起钻准备。

4. El perforador trató de levantar la tubería con el malacate en tercera velocidad y el motor se paró.

司钻试着用绞车三挡速度提起钻具，但是马达憋灭了。

5. Saquen la tubería después de una hora y media de circulación.

循环一个半小时再起钻。

6. Dejen los cuadrantes/Kelly en el hueco rata.

将方钻杆放在鼠洞里。

7. Hay que confirmar la subida y bajada(el viaje)del lodo cada 20 ligadas/paradas de sacada de tubería.

每起钻20柱，要核对钻井液的升降情况。

8. ¡Atención! Hay que prestar atención al arrastre y al pistoneo en la primera sacada de tubería.

注意！第一次起钻时，要注意防卡及拔活塞。

9. ¿Llenaron el hoyo al sacar la tubería?

你起钻时向井内灌满钻井液了吗？

10. Ya está sacada la tubería. Los tubos deben estar bien colocados.

已起完钻，把钻杆都排放好了。

11. Sigan sacando la tubería del hoyo.

继续起钻。

12. Terminamos de sacar la tubería.

我们完成了起钻。

13. Avísame cuando hayas terminado de sacar la tubería.

起完钻杆通知我。

14. Es buena idea numerar los tubos en el orden que se van a meter.

按照下井顺序对单根进行编号是个好主意。

15. El cuñero arrumó las parejas en hileras.

钻工把钻柱排成排。

16. ¿Cuántas parejas hay en cada hilera?

每排有多少柱?

17. Paramos 23 parejas.

我们排放了23柱（钻具）。

18. Díganle al relevo que proceda a sacar la tubería tan pronto como llegue.

告诉换班员工，他们到这里后立即开始起钻。

19. Deben controlar la velocidad al bajar la tubería.

下钻时，要控制下放速度。

20. Muevan a menudo la tubería.

勤活动钻具。

21. Metan la tubería de segunda perforación/sección hasta el tapón de cemento.

将二开钻具下到水泥塞处。

22. El pozo está sin ningún obstáculo.

井下已畅通无阻。

23. Ayúdenme a limpiar el depósito/tanque de lodo.

请帮我将钻井液罐清洗干净。

24. Empecemos la circulación.

开始打循环。

25. Empiecen a desconectárselo.

开始卸扣。

26. Corre la tubería hasta el fondo.

把钻具下到井底。

27. Volvemos a meter la tubería.

我们把钻具下回到井里。

28. Tenemos que hacer un viaje completo.

我们必须进行一次起下钻作业。

29. Termina de meter la tubería.

完成下钻。

30. Las roscas fueron dañadas en la máquina de torque.

丝扣在上扣过程中被损伤。

（四）Repasar 划眼

1. Escarie el pozo desde 7000' hasta 7500'.

该井从7000英尺划眼至7500英尺。

2. Rimen el hoyo continuamente desde los 7000' hasta el fondo.

从7000英尺处一直划眼到井底。

3. El hoyo tendrá que ser rimado.

该井必须进行划眼。

4. Hemos escariado durante dos horas.

我们划眼了两个小时。

5. Repasen con una fresa a 3534 pies.

在3534英尺处用磨鞋进行划眼。

6. Repasen cada tubo perforado por lo menos dos veces.

打一个单根至少划眼两遍。

7. Lo repasamos varias veces.

我们进行了几次划眼。

8. Rimamos dos horas sin obtener ningún progreso.

我们划眼了两个小时，一点进展都没有。

9. ¿Están rimando todavía?

他们仍然在划眼吗?

10. El viaje de limpieza de hoyo se divide en repasar en retroceso y adelante.

划眼分为倒划眼和正划眼。

11. La tubería de perforación se bloquea bajando y pasa a través de repasar.

下钻遇阻采用划眼方式通过。

12. Si encuentra problema de arrastre sacando tubería, repasa repetidamente en la sección atascada hasta que quede lisa.

如果起钻遇卡，在遇卡井段反复划眼直至通畅。

13. El pozo se vuelve a analizar por medio de repasar en retroceso.

该井采用倒划眼方式进行复测。

14. La pared del pozo se puede reparar en el proceso de repasar.

划眼的过程中可对井壁进行修整。

15. Generalmente el taladro perfora repasando más lento que

la perforación general.

划眼转速一般比正常钻进转速低。

16. En esta sección del pozo repasa con dificultad seriamente.

该井段划眼蹩卡严重。

17. Existe el riesgo de repasar en retroceso, y es necesario controlar de cerca los parámetros.

倒划眼有风险，需严密监测各参数。

18. Se produjo un aumento anormal en la presión de la bomba, y la bomba se debe detener de inmediato.

划眼过程中发生憋泵，要立即停泵。

19. Repasa a una velocidad de 20RPM.

使用20转/分钟的转速进行划眼。

20. Al pasar la zona de circulación perdida, intenta no abrir la bomba.

通过漏层井段时，应尽量避免开泵。

21. La tubería se produjo un arrastre durante el proceso de repasar.

划眼过程中发生卡钻。

22. En el proceso de repasar en retroceso, es muy fácil hacer que se atasque la herramienta de perforación. Una vez que el manejo es inadvertido, causará un accidente de perforación atascado.

在倒划眼过程中极易发生钻具蹩卡现象，一旦处理不慎，就会造成卡钻事故。

23. Usa baja velocidad, desplazamiento pequeño para romper el bloque de caída.

采用低转速、小排量方式划眼破碎掉块。

24. TDS puede lograr de repasar en retroceso.

顶驱钻井系统可以实现倒划眼。

25. Cuando saca tubería, lleva bien arena de pared repasando en retroceso.

通过倒划眼起钻方式携带井壁沉砂。

26. El perforador está haciendo repasar.

司钻正在进行划眼作业。

27. Controla la cantidad total de lodo durante la operación de repasar y encuentra la fuga o el desbordamiento a tiempo.

划眼作业期间要监测好钻井液总量，及时发现井漏或溢流。

28. Repasar en retroceso puede destruir la ranura.

倒划眼可破坏井下键槽。

29. El ingeniero de perforación debe registrar la sección del pozo que la tubería se bloquea bajando y pasa a través de repasar.

钻井工程师应记录好下钻遇阻划眼通过的井段。

30. Después de que el pozo se convierte en un sistema de lodo, encuentra una resistencia con dificultad sacando y bajando tubería mientras repasa con frecuencia.

该井转换钻井液体系后，起下钻遇阻严重，划眼频繁。

（五）Medir la desviación 测斜

1. El pozo está desviado 8º de la vertical.

这口井井斜8度。

2. Se supone que este pozo no debería desviarse más de un grado.

这口井井斜不应该超过1度。

3. Hagan un registro direccional cada 100 metros de perforación.

每钻进100米测斜一次。

4. Informen oportunamente el resultado de registro direcional al supervisor/companyman.

将测斜结果及时汇报监督。

5. Hay varias marcas de instrumentos de medidores de desviación.

这里有多种测斜仪器。

6. El medidor de desviación usado por la Creole es marca "TOTCO".

Creole使用的测斜仪器是“TOTCO”。

7. "TOTCO" es la marca de fábrica de un medidor de desviación.

“TOTCO”是一种测斜仪器的商标名。

8. El medidor de desviación tiene un defecto.

这个“TOTCO”损坏了。

9. El“TOTCO”mostró 8 grados de desviación.

“TOTCO”测得井斜8度。

10. La desviación se divide en dos tipos: el inclinómetro de tipo de entrada y MWD.

测斜仪分为投入式测斜仪和随钻式测斜仪两种。

11. La inclinación del tipo de entrada incluye la inclinación de punto simple y la de múltiples.

投入式测斜包括单点测斜和多点测斜。

12. El contenido de la desviación incluye datos de calidad del pozo, como la profundidad del pozo, la inclinación del pozo y el azimut.

测斜内容包括井深、井斜、方位角等井身质量数据。

13. Los inclinómetros de punto simple requieren calibración periódica.

单点测斜仪需要定期校验。

14. Usamos un inclinómetro de punto simple auto flotado.

我们使用的是自浮式单点测斜仪。

15. El ingeniero direccional es responsable de proporcionar datos completos de desviación.

定向井工程师负责提供全井测斜数据。

16. Conecta el inclinómetro a la computadora para leer los datos.

将测斜仪与电脑连接读取数据。

17. Enciende la bomba y envía el inclinómetro al fondo del pozo.

开泵将测斜仪送入井底。

18. La hora de inicio debe establecerse antes de usar el inclinómetro de punto simple.

单点测斜仪使用前需设定启动时间。

19. MWD se ha utilizado ampliamente en la construcción de perforación.

MWD无线随钻测斜仪已普遍应用于钻井施工中。

20. MWD no tiene señal, tenemos que sacar tubería de perforación.

MWD仪器无信号，我们不得不起钻。

21. Los parámetros de perforación se ajustan en el tiempo de acuerdo con los datos de desviación.

根据测斜数据及时调整钻井参数。

22. Los datos de desviación no son precisos.

测斜数据不准确。

23. El inclinómetro está dañado debido a un sellado deficiente.

测斜仪因密封不严而损毁。

24. NMDC garantiza una orientación precisa medida.

无磁钻铤可确保测得的方位准确。

25. El ingeniero de perforación usa un cabrestante pequeño para correr totco.

钻井工程师使用测斜小绞车进行吊测。

26. Asegúrate de que el inclinómetro esté completamente cargado antes de la prueba.

投测前保证测斜仪电量充足。

27. Es posible juzgar si el inclinómetro llega al fondo a través de la presión de bomba.

可以通过泵压判断测斜仪器是否到底。

28. Al enviar el inclinómetro al fondo del pozo, bloqueará el ojo de agua y la presión de bomba aumentará.

投测仪器到达井底时会堵住水眼，导致泵压升高。

29. Está estrictamente prohibido hacer datos falsos de desviación.

测斜数据严禁造假。

30. Levanta la mecha a 2 metros del fondo del pozo para hacer la desviación.

将钻头提离井底两米进行测斜。

（六）Bajar la camisa 下套管

1. Díganles que ordenen bien los revestidores.

告诉他们把套管排放整齐。

2. Deben limpiar y medir de manera minuciosa las camisas/casings.

要仔细清洗和丈量套管。

3. Nosotros limpiamos los collares del revestidor.

我们清洗了套管接箍。

4. Aprenda como usar los calibradores.

学习如何使用通径规。

5. Primero, conecten bien el zapato de guía con el de camisa/revestidor/casing.

先接好引鞋和套管鞋。

6. Hay que poner/untar/echar grasa en todas las roscas de la tubería.

所有接头都要涂上螺纹脂。

7. Metan un centralizador entre cada dos camisas/casing.

每隔一根套管，下一个扶正器。

8. Rellenen de lodo entre cada 5 camisas/casings al bajar las superficiales.

下表层套管时，每5根套管灌满一次钻井液。

9. Las máquinas de alto torque dañadas son perjudiciales para las roscas de la tubería de revestimiento.

快速上扣损伤套管丝扣。

10. Tengan cuidado que no se dañen las roscas.

当心不要伤了丝扣。

11. Enrosquen la tubería poco a poco.

慢慢上扣。

12. Llenen la tubería de revestimiento.

在套管内灌满（钻井液）。

13. Cuando la tubería de revestimiento llegó al fondo, comenzaron a circular.

当套管到底后，他们开始循环。

14. Circule el "casing" hasta que llegue el camión de cementación.

套管循环至固井车到来。

15. En este pozo se va a poner una tubería de revestimiento de 9".

这口井将要下9"套管。

16. Colocaremos un revestidor colgado de 4" desde los 6000' hasta el fondo.

在6000英尺到井底的井段，我们将下入4"尾管。

17. ¿De qué tamaño es aquella zapata?

那个套管鞋是多大尺寸的?

18. Apriete bien la zapata y mande al soldador que la solde al tubo.

把套管鞋上紧，让电焊工把它焊到套管上。

19. ¿Es esta zapata de tipo flotadora?

这个是浮动式的套管鞋吗?

20. La pelota de la zapata flotadora es plástica.

浮鞋球是塑料做的。

21. Los collares de revestimientos de diferentes grados son de diferentes colores.

不同钢级的套管接箍颜色不同。

22. ¿Está aguantando el flotador?

浮箍稳住了吗?

23. El flotador falló.

浮箍失效了。

24. Ponga el cuello flotador a treinta pies de la zapata.

把浮箍装在套管鞋上部30英尺的位置。

25. Veinte centralizadores fueron colocados en el revestidor de 7".

7"套管上安装了20个扶正器。

26. Pongan un centralizador al cuello flotador.

在浮箍上安装一个扶正器。

27. ¿Cuántos centralizadores vinieron?

送来了多少个扶正器?

28. Los elevadores deben ser cambiados para correr el revestidor de 7".

必须更换吊卡来下7"套管。

29. Las botellas se utilizan para conectar tubería de diferentes tamaños.

大小头用于连接不同尺寸的管具。

30 ¿No se ha cortado la tubería de revestimiento de 7" todavía?

7"套管还没切断呢?

（七）Cementación 固井

1. La cementación no es una operación sencilla.

固井不是一项简单的作业。

2. No se permite salir de su puesto al encargado del depósito para la cementación de pozo.

固井水罐负责打水的人不许脱岗。

3. ¿Encontraron el cabezal de cementación?

找到水泥头了吗？

4. Trae 10 sacos de cemento.

拿10袋水泥来。

5. Estamos esperando el camión de cementación.

我们在等固井车。

6. ¿Estabas listo cuando llegó el camión de cementación?

当固井车到的时候你们能准备好吗？

7. Ahí viene el camión de cementación.

固井车来了。

8. El camión de cementación llegó con un retraso de dos horas.

固井车迟到了两个小时。

9. Ayúndenles a conectar la línea al camión de cementación.

帮他们把管线连接到固井车上。

10. ¿Conectaste las líneas al camión de cemento?

你把管线连接到固井车上了吗？

11. ¿Ya está puesta la línea de cemento?

固井管线已经铺设好了吗？

12. Esta conexión aguanta hasta seis mil libras de presión.

这（连接测试）是6000磅的压力。

13. Notifiquemos a la Compañía de Servicio que estaremos listos para cementar a las cuatro en punto.

通知服务公司，我们将在4点开始固井。

14. Lo cementaremos esta noche.

我们将在今晚固井。

15. El trabajo de cementación terminó a las tres en punto.

固井作业是在三点钟整的时候结束的。

16. Desplazamos 50 sacos de cemento con 40 barriles de agua.

我们用40桶清水替换了50袋水泥。

17. El pozo fue cementado con mil sacos.

该井固井使用了1000袋（水泥）。

18. Se pusieron 1000 libras de presión a la cementación.

固井作业时，我们施加了1000磅的压力。

19. Centralicen la cabeza del pozo después de desmontar la cabeza de cementación y el conjunto de tubos.

卸水泥头及管汇后，将井口拉正。

20. Aislamos el agua con un trabajo de cementación.

我们通过固井作业隔离了水。

21. Colocamos un tapón de cemento a los cinco mil pies.

我们在5000英尺深的地方设置了一个水泥塞。

22. ¿Hay cemento debajo del tapón?.

塞下面有水泥吗？

23. ¿Notaste la cantidad de cemento utilizado en tu informe?

你在报告中记录水泥用量了吗？

24. El retenedor no aguantó.

承留器没稳住。

25. El retenedor está pegado y no baja.

承留器卡住下不去了。

26. Yo le dije que metiera las parejas con un retenedor de cemento.

我告诉过你带着水泥承留器下钻。

27. Tenga cuidado al bajar el retenedor.

小心下放承留器。

28. ¿Hay allá un retenedor de 5 1/2"?

有5 1/2"的承留器吗？

29. El camión de cementación puede retirarse.

固井车可以走了。

30. ¿Lavaste el canal grande?

你冲洗大槽子了吗？

（八）Esperar por fraguado del cemento 候凝

1. Soltamos el revestidor a las dos y media.

我们在两点半放松了套管。

2. Este tipo de cemento no fragua en menos de 12 horas.

这种类型的水泥12小时之内不会凝固。

3. El cemento no se había fraguado.

水泥尚未凝固。

4. Espere que fragüe el cemento.

一直等到水泥凝固。

5. Tenemos que esperar que el cemento fragüe.

我们必须等待水泥凝固。

6. ¿Cuántas horas necesita para fraguar el cemento del "casing" de superficie?

表层套管候凝需要多少小时？

7. Debido a la falla del cuello flotador y los zapatos flotantes, el pozo se tomó medidas esperando fragüe con presión.

因浮箍、浮鞋失效，该井采取憋压候凝措施。

8. Optimizar el tiempo de espera de frague y acortar el período de construcción.

优化水泥候凝时间，缩短建井周期。

9. La duración de espera de frague afecta la calidad de cementación.

候凝时间长短影响固井质量。

10. Durante espera de frague, prepara bien las herramientas que se utilizarán en la siguiente sección.

候凝期间准备好下个开次要用的工具。

11. Quitaron los tomillos de la campana durante espera de frague.

他们在候凝期间拆掉了喇叭口螺栓。

12. Juzga el grado de solidificación por muestra de cemento.

候凝期间，通过水泥样品判断凝固程度。

13. Durante espera de frague, es necesario asegurarse de que no haya fugas en la cabeza del pozo.

关井候凝期间，要保证井口无渗漏。

14. Espera de frague por lo menos 48 horas.

候凝至少48小时。

15. Está estrictamente prohibido sondar el cemento durante espera de frague.

候凝期间严禁下钻探塞。

16. ¿En qué circunstancias necesita esperar de frague interior del "casing" con presión?

什么情况下需要套管内憋压候凝?

17. Después de 12 horas de espera de frague, haz la cementación secundaria.

候凝12小时后进行二级固井。

18. No hubo cambios en la presión del cabezal de pozo durante la espera de frague con presión.

憋压候凝期间井口压力无变化。

19. Después de 24 horas de espera de frague, se puede romper la división de cementación.

候凝24小时后方可钻分级箍及附件。

20. Presta atención a liberar la presión en la cabeza del pozo al esperar de fragüe.

憋压候凝时要注意井口放压。

21. El tiempo corto de espera de fragüe también es una causa indirecta de accidentes.

候凝时间短也是引发事故的一个间接原因。

22. Espera de fragüe al menos 8 horas para perforar la segunda sección.

候凝至少8小时后才能二开钻进。

23. Cierra el pozo y espera de fragüe con 4 MPa.

关井憋压4兆帕候凝。

24. El tiempo de espera de fragüe es corto, la fuerza del cemento no es suficiente.

候凝时间短，水泥强度不够。

25. Durante la espera de fragüe con presión, se debe enviar a una persona indicada para observar el cambio de presión en la cabeza del pozo.

憋压候凝期间要派专人观察井口压力变化。

26. La espera de fragüe se puede dividir en la sin presión y con presión.

候凝可分为敞压候凝和憋压候凝。

27. Entrene a los empleados durante la espera de fragüe.

候凝期间对员工进行培训。

28. Arregla la tubería durante la espera de fragüe.

候凝期间组合钻具。

29. Durante la espera de fragüe, la presión se libera cada 1 hora en la cabeza del pozo.

憋压候凝期间每隔1小时井口放一次压。

30. ¿Se ha solidificado la muestra de cemento?

水泥样品凝固了吗？

（九）Romper el cemento 钻塞

1. ¿Cuándo vamos a perforar el tapón?

我们计划什么时候钻塞？

2. Antes de perforar el cemento, comenzamos a circular con agua.

钻塞前我们用水循环。

3. Empiecen perforar el tapón.

开始钻塞。

4. Terminamos de perforar el retenedor de cemento.

我们钻穿了水泥承留器。

5. ¿Rompieron el cemento duro?

你钻穿硬水泥了吗?

6. El cemento duro fue perforado.

坚硬的水泥被钻开了。

7. El lodo se contaminó al perforar el cemento.

钻井液在钻水泥塞的时候被污染了。

8. Perforen el cemento con agua para no contaminar el lodo.

用清水钻水泥塞，以便不污染钻井液。

9. No dejes que se contamine el barro.

别让钻井液被污染了。

10. Después de romper el tapón, saquen la mecha tricónica y metan una pala a chorro.

钻完塞后，起出牙轮钻头，下入一个喷射式刮刀钻头。

11. ¿Qué se refiere BHA para romper el cemento?

钻塞钻具组合是什么?

12. El ingeniero de perforación explicó los parámetros para romper el cemento durante la reunión de entrega.

钻井工程师在交接班会时说明了钻塞参数。

13. Cuando se rompe el cemento, la tubería se bloquea y la bomba se enciende a tiempo.

钻水泥塞时下钻遇阻及时开泵。

14. Durante el proceso de romper el cemento, no dejes que se espere el barro para evitar el arrastre.

钻塞过程中防止混浆稠化造成卡钻。

15. La mecha toca en contacto con el accesorio lentamente y perfora el cemento a través de los parámetros.

钻头缓慢接触附件，按钻塞参数钻穿。

16. Levanta la tubería de perforación cada 10 minutos durante el proceso de perforar el accesorio.

钻附件过程中每钻10分钟上提一次。

17. Si el torque aumenta durante el proceso de perforar el accesorio, BHA debe levantarse inmediatamente.

钻附件过程中如扭矩增大应立即上提钻具。

18. Durante el proceso de romper el cemento, preste mucha atención a los accesorios de "casing" y al retorno de cemento.

钻塞期间，密切关注套管附件及水泥返出情况。

19. Usa mecha tricónica para romper el cemento.

使用牙轮钻头钻塞。

20. Rompe el cemento hasta que el estabilizador salga de zapata y ajusta los parámetros.

钻塞至扶正器出套管鞋后再调整参数。

21. El peso de barrera para romper el cemento no debe exceder las 5 toneladas.

钻塞钻压不得超过5吨。

22. Es más seguro usar la piña rompiendo el cemento en pozo pequeño.

小井眼内钻塞选用磨鞋较为稳妥。

23. ¿Existe riesgo de control de pozos durante romper el cemento?

钻塞期间存在井控风险吗？

24. Este perforador tiene poca experiencia en romper el cemento.

这个司钻在钻塞方面经验很少。

25. Levanta la tubería y haz un registro electrónico.

钻完塞后起钻测井。

26. Cada vez que perfora una junta, repasa tres veces subiendo y bajando.

钻塞期间每钻完一个单根，上提下放划眼三次。

27. Después de romper el cemento, haz circular por completo el lodo de perforación para lavar el pozo.

钻完塞后，要充分循环钻井液洗井。

28. En el pozo horizontal rompe el cemento usando el motor.

水平井采用螺杆钻具钻塞。

29. Todo el turno de la noche está rompiendo el cemento.

夜班整个班都在钻塞。

30. Romper el cemento es un tipo de operación común en la construcción de perforación.

钻塞是钻井施工中常见的一种作业。

（十）Registros eléctricos de perforación 测井

1. Antes de iniciar sesión, el equipo de perforación coopera con el personal relacionado para instalar las poleas fijas.

测井前，由钻井队配合测井人员安装定滑轮。

2. Antes de iniciar sesión, es necesario llevar a cabo una reunión de las partes pertinentes para aclarar el contenido de la construcción y realizar un análisis de riesgos de seguridad antes del trabajo.

测井前，要召开相关方会议，明确施工内容并进行工作前安全风险分析。

3. Los ingenieros de registro deben comprender el mapa de la estructura del pozo, las secciones complejas y otra información.

测井工程师需要了解井身结构图、复杂井段等信息。

4. Está estrictamente prohibido cruzar el trabajo en la plataforma durante las operaciones de registro.

测井作业过程中，严禁在钻台上进行交叉作业。

5. Está estrictamente prohibido llevar a cabo tareas de carga y descarga del "casing" en la línea de advertencia del camión de registro.

测井车警戒线内，严禁进行套管装卸作业。

6. Cubran la cabeza del pozo durante el registro para evitar la caída de objetos.

测井期间要盖好井口，防止井下落物。

7. Durante el registro, se requiere que el personal especial se siente en la guardia para observar si hay flujo de repose en la cabeza del pozo.

测井期间要求专人坐岗，观察井口有无溢流。

8. Durante el registro, el equipo de perforación dispuso que el perforador estuviera de servicio en la plataforma.

测井期间钻井队安排司钻在钻台值班。

9. Los ingenieros del equipo de perforación deben mantenerse al tanto del progreso del proyecto del registro.

钻井队工程师要及时了解测井项目进展情况。

10. Al cargar y descargar la fuente radiactiva, se requiere una advertencia silbido, y el personal no relacionado está fuera del área de trabajo.

装卸放射源时，要求鸣笛示警，无关人员远离作业区。

11. Está estrictamente prohibido abandonar o perder las fuentes radiactivas.

严禁遗留或丢失放射源。

12. El trabajo de registro de pozos estructurales complejos tales como pozos horizontales y pozos de alto ángulo se lleva a cabo principalmente mediante el registro de transmisión de la tubería de perforación.

水平井和大斜度井等复杂结构井的测井工作主要采用钻杆传输测井的方式进行。

13. El ingeniero de perforación proporciona al ingeniero de registro información sobre el número y la longitud del taladro.

钻井工程师向测井工程师提供钻具数量、长度等信息。

14. El cable se puede cortar en caso de emergencia durante el registro de transmisión.

传输测井期间遇紧急情况可直接剪断电缆。

15. Hubo múltiples fallas de acoplamiento durante el registro de transmisión.

传输测井过程中多次对接失败。

16. El impedimento a la perforación del taladro no debe exceder las 2 toneladas.

下放钻具测井遇阻不得超过2吨。

17. La herramienta de registro encuentra un impedimento y no pueden seguir descentralizándose.

测井仪器遇阻无法继续下放。

18. Cuando el fenómeno de bloqueo se produce en el subsuelo, la herramienta de registro debe retirarse y deben tomarse las medidas viajando de limpieza.

井下出现阻卡现象时，应起出测井仪器，采取下钻通井措施。

19. La herramienta de registro de pozo tropeza con arrastre y hay que tomar medidas para pescar bajando el cable en la tubería.

该井测井工具遇卡，不得不采取穿心打捞措施。

20. Los datos de registro muestran que la calidad de cementación del pozo no está calificada.

测井数据显示该井固井质量不合格。

21. Cuando el instrumento de registro sale del pozo, presten atención para observar si el instrumento está en buenas condiciones.

测井仪器出井时，注意观察起出仪器是否完好。

22. Los proyectos de registro incluyen una gran cantidad de contenido.

测井项目包括很多内容。

23. El pozo debe ser corrido registros a mitad de camino.

该井需要进行中途测井。

24. Correr registros eléctricos forma una parte importante de la construcción de perforación.

测井是钻井施工的重要环节。

25. Si la operación de correr registros se puede llevar a cabo sin problemas está directamente relacionada con el control de calidad durante el proceso de perforación, el mantenimiento del comportamiento del lodo y la implementación de diversas medidas técnicas durante la finalización de perforación.

测井作业是否能顺利进行与钻井过程中质量控制、钻井液性能维护、完井期间各项技术措施的落实有直接关系。

26. La acumulación de puentes bajo el pozo sobredimensionado conduce a la resistencia eléctrica.

大肚子井段下砂桥堆积导致测井遇阻。

27. La junta húmeda está bloqueada por el revestimiento interior de la tubería de perforación.

湿接头被钻杆内涂层堵塞。

28. La prueba eléctrica encuentra la resistencia, se saca el instrumento y se usa el método de viaje el limpieza sin bomba para el pozo.

测井遇阻起出仪器，采用干通的方法进行通井。

29. El ingeniero de perforación deberá informar al equipo de registro acudiendo a la locación con suficiente anticipación de acuerdo con las condiciones de trabajo en el pozo.

钻井工程师应根据井上工况提前通知测井队上井。

30. Tranca la mesa rotatoria durante el registro.

测井期间要锁死转盘。

（十一）Completación del trabajo 完井作业

1. ¿Trajiste la empacadura de producción?

你带来生产封隔器了吗？

2. ¿Hasta qué profundidad se bajó la empacadura?

封隔器下到了多深的位置？

3. Peguen la empacadura a 6000 pies.

把封隔器下到6000英尺处。

4. ¿Vas a meter la tubería con la empacadura de producción?

你准备将生产封隔器与油管一起下入（井里）吗?

5. Mete la tubería con la empacadura de producción.

下入油管和生产封隔器。

6. ¿No has tratado de liberar la empacadura halándola?

你没尝试通过上提来解封封隔器吗?

7. ¿Sacaste la empacadura?

起出封隔器了吗?

8. ¿Cuántos barriles de agua echaste en la tubería?

你在油管中注入了多少桶水?

9. Nosotros colocamos 20 barriles de agua dentro de la tubería.

我们在油管中注入了20桶水。

10. Pongan a circular el lodo por la tubería de producción.

通过油管循环钻井液。

11. Corre las parejas de tubería con retenedor de cemento y la junta de circulación.

和油管一起下入水泥承留器和循环接头。

12. Las juntas de tubos están unidas por los cuellos.

油管通过接箍连接。

13. ¿Enroscaron los tubos de producción con una cuerda?

你们用棕绳给油管上扣了吗?

14. Pongan el árbol de navidad.

安装采油树。

15. Eliminamos la parte inferior y la sección corta del árbol de navidad.

我们拆掉了采油树的下半部分和短节。

16. ¿Has puesto los tornillos en el árbol de navidad?

你安装采油树螺栓了吗?

17. ¿Se cierra el árbol de navidad?

采油树关闭了吗?

18. Quiten los bloques y la barra del suabo.

甩下抽汲加重杆。

19. Baja los bloques y la barra del suabo.

下放游车和抽汲加重杆。

20. Quita el suabo.

把抽汲工具拆下来。

21. Sigan suabeando.

继续抽汲。

22. Pónganle unas gomas nuevas al suabo.

把新的抽汲胶皮装在抽汲头上。

23. Suabearon el pozo durante tres horas.

他们在这口井中抽汲了三个小时。

24. Quita los bloques y la barra del suabo.

下放游车，取下抽汲杆。

25. Nunca pongan petróleo en lubricadores.

永远别让原油进入防喷管。

26. Pongan el tubo lubricador.

安装防喷管。

27. Se cañoneó la tubería de revestimiento con balas de 1/4".

使用1/4"的射孔弹对套管进行射孔。

28. La compañía de servicios está cañoneando.

服务公司正在进行射孔作业。

29. ¿Cuántos cañoneos se han hecho ya?

到现在为止，他们进行了几次射孔作业？

30. Cañonea el intervalo de ocho mil a ocho mil quinientos pies empleando cuatro tiros por pie.

在8000至8500英尺井段进行射孔，每英尺井段射孔四次。

（十二）Acondicionar la propiedad del lodo 处理钻井液性能

1. Estamos acondicionando el lodo.

我们正在处理钻井液。

2. Mezcla el lodo.

混合钻井液。

3. Pongan la química al lodo de acuerdo con las recomendaciones.

根据推荐向钻井液中加入化学药品。

4. La barita se usa para aumentar el peso del lodo.

重晶石粉用来提高钻井液密度。

5. Seguimos colocando barita en el lodo hasta que el peso subiera a 10 libras.

我们持续在钻井液中加入重晶石粉，直至钻井液密度提至10磅/加仑。

6. La barita se asentó en el fondo de la caja de lodo.

重晶石粉沉淀到泥浆坑底部。

7. No agregues más barita al lodo.

别再向钻井液中加重晶石粉了。

8. Agregamos 150 sacos de barita al lodo.

我们在钻井液中加入了150袋重晶石粉。

9. La bentonita se usa para aumentar la viscosidad del lodo.

膨润土用来提高钻井液的黏度。

10. Nosotros mezclamos algo de bentonita.

我们混入了一些膨润土。

11. No mezclen más de 5 sacos de bentonita por hora.

每小时加入膨润土不超过5袋。

12. Echa 5 sacos de bentonita en el mezclador del lodo.

在钻井液搅拌器中混入5袋膨润土。

13. Estamos usando lodo con base de almidón.

我们正在使用淀粉基钻井液。

14. Mezcla el almidón poco a poco.

缓慢混入淀粉。

15. Tengan cuidado que no se mojen los sacos de almidón.

当心别让淀粉受潮。

16. El quebracho se sirve para bajar la viscosidad del barro.

“木质素”用来降低钻井液黏度。

17. Cuando pones de quebracho en el lodo, agrega la misma cantidad de soda cáustica.

当你在钻井液中加入“木质素”的时候，要加入等量的烧碱。

18. Pon tres o cuatro sacos de cal en el lodo.

在钻井液中加三袋或四袋石灰。

19. ¿Sigo agregando semillas de algodón al lodo?

要我继续向钻井液中加入棉籽吗？

20. El papelillo se usa para controlar la pérdida de circulación.

Jellflake用来防止循环漏失。

21. Es necesario desplazar el lodo con petróleo.

有必要用油置换钻井液。

22. Si no son suficientes 100 sacos para poner el lodo en 10 libras, agreguen 20 sacos más.

如果100袋还不能把钻井液密度提高到10磅/加仑，就再加20袋。

23. El supervisor mandó al encuellador que aumentara la viscosidad hasta 40 segundos.

监督要求井架工把黏度提高到40秒。

24. La densidad del lodo es de 10 libras por galón (lpg).

钻井液密度是10磅每加仑。

25. El lodo tiene una viscosidad de setenta segundos.

钻井液黏度70秒。

26. ¿Qué porcentaje de arena tiene el lodo?

钻井液的含砂量是多少？（百分比）

27. Un filtro prensa es utilizado para determinar el filtrado del lodo.

失水仪用来测定钻井液的失水性能。

28. La mayoría de los materiales para acondicionar el lodo vienen en sacos de papel.

大多数钻井液处理材料是装在纸袋子里运来的。

29. En tierra hay que cavar hoyos para acomodar el barro de perforación.

在陆地，必须挖泥浆坑来处理钻井液。

30. El lodo está fluyendo por el canal.

钻井液在槽子中流动。

（十三）Control del pozo 井控

1. Hagan un simulacro/preventor de surgencia.

做一次防喷演习。

2. Está cerca de la capa llena de petróleo y gas, según la

profundidad perforada.

根据深度，现在快接近油气层了。

3. Mientras más hondo sea el pozo más cuidado debemos tener.

井越深，我们越要小心。

4. Aprieten bien todos los tornillos al instalar la cabeza de pozo.

安装井口时，上紧各螺栓。

5. Cambia los rams del preventor de reventones.

更换封井器闸板。

6. Vamos a ver si hay fuga en la cabeza del pozo.

看看井口有没有泄漏现象。

7. Cierren el ranes/blind ram para el cierre completo.

关闭全封闸板。

8. Se exige que mantenga la presión para 5 minutos.

要求5分钟不卸压。

9. Abran el ranes semiabierto/pipe ram para probar todas las válvulas encargadas de matar el pozo.

打开半封，试各压井阀。

10. Todas las pruebas de presión son aprobadas.

所有试压都合格。

11. El pozo reventó anoche.

昨晚井喷了。

12. No pudieron controlar el reventón del pozo.

他们无法阻止该井井喷。

13. Hagamos lo posible para dirigir el gas a aquel hoyo.

咱们得想办法把气引到那边的土坑去。

14. Deben considerar esta presión como el fundamento para cerrar y matar pozo, en caso de revención.

今后井喷，以此压力为关井和压井的依据。

15. Un reventón puede resultar una pérdida de millones de dólares.

一次井喷可导致数百万美元的损失。

16. Hagan los preparativos para matar el pozo.

做好压井准备。

17. Después del almuerzo, se procedió a matar el pozo.

午饭后开始压井。

18. Mata el pozo con lodo de 10 libras.

用10磅/加仑的钻井液压井。

19. Mataron el pozo bombeando agua en él.

他们通过向井里泵送水来进行压井作业。

20. ¿Lograste matar el pozo?

你把井压住了吗？

21. ¿Le pusieron un codo de alta presión a la línea de matar?

你们在压井管线中安装高压弯头了吗？

22. ¿A qué profundidad se encontró el nivel del fluido?

液面在什么位置？

23. El nivel del fluido está aumentando.

液面在上涨。

24. No bajes el nivel de fluido más de 2000'.

别让液面下降到2000英尺以下。

25. La presión está aumentando.

压力在上涨。

26. ¿Mostró alguna presión el manómetro?

压力表显示压力了吗？

27. Pongan 1000 libras de presión.

施加1000磅的压力。

28. ¿Probaron el preventor de reventones mientras la tubería estaba fuera del hoyo?

空井时，你们测试封井器了吗？

29. No dejes que el pozo fluya.

不要让井发生溢流。

30. Mañana es día feriado, recuerda cerrar el pozo antes de irse.

明天是假期，离开之前记得关井。

（十四）Mantenimiento y reparación 保养与修理

1. La duración del mantenimiento diario no se debe sobrepasar 15 minutos.

日保养时间不得超过15分钟。

2. Estuvimos engrasando y acomodando el material.

我们在保养和清理物资。

3. ¿Por qué no se pone a engrasar las conexiones?

为什么还不开始保养连接？

4. ¿Cuándo vas a engrasar el malacate?

你准备什么时候去保养绞车？

5. ¿Por qué no aceitas la llave?

你为什么不保养大钳？

6. Hagan el servicio al motor lo más rapido posible.

尽快保养机械设备。

7. Lava el motor con kerosen.

用煤油清洗发动机。

8. El aceite hace que la maquinaria dure más.

油可延长机器的使用寿命。

9. Se aceitaron las cadenas.

链条浇过油了。

10. Debe cambiarse la placa de freno.

该换刹车片了。

11. Deben descontar el pago de su jornada de trabajo si siguen actuando así.

这样下去，要扣你们当日的日费。

12. Esperamos la orden para tomar medidas y examinar los equipos.

我们在等候采取措施和检修设备的指令。

13. Coloquen ordenados los instrumentos.

把这些工具整理好。

14. No dejen los instrumentos acá.

别把这些工具放在这儿。

15. Esta máquina tiene un sonido extraño en su funcionamiento.

这台机器运转时有杂音。

16. Deben detener la marcha de la máquina para detectar la causa.

应当停车，检查原因。

17. ¿Qué vamos a hacer con la oscilación extraña de la presión de la bomba?

泵压忽高忽低，该怎么办?

18. Deben indicar el volumen de desplazamiento y el peso sobre la barrena/broca en el apunte.

记录上要标明排量和钻压。

19. El generador no tiene ningún problema.

发电机没有问题。

20. Esta tarde ya reparamos la bomba.

我们下午修了这台泵。

21. Dile al encuellador que repare la bomba.

告诉井架工修泵。

22. ¿Cuándo pueden estar listos?

你们什么时候能准备好?

23. No se da rotación, hace falta repararse.

它不转了，需要修理。

24. Repara la cadena de la rotativa.

修理转盘传动链。

25. El cuñero reparó las llaves.

钻工修理了大钳。

26. Reemplacen las tablas gastadas del pasillo de los tubos.

更换钻具坡道上磨坏的板子。

27. ¿Circularon el pozo mientras arreglaban el motor?

他们修柴油机的时候你们循环井眼了吗？

28. El mecánico acaba de terminar de reparar el motor.

机械师刚刚修理完马达。

29. Reparemos el ascensor que perdió un resorte.

让我们修理一下丢弹簧的吊卡。

30. Vamos a hacer una pequeña reparación al motor.

让我们对发动机进行简单的修理。

（十五）Complicación en el pozo y el accidente 钻井复杂与事故

1. No se permite sacar la tubería a la fuerza.

不许强提。

2. Ya movimos muchas veces, pero la tubería no se salió.

已经提放多次，未见效果。

3. Junten el TDS y rimen en retroceso.

接顶驱，并且倒划眼。

4. Marquen una señal en el punto de arrastre de la tubería.

在钻杆上做卡点记号。

5. Hicimos nuestro mejor esfuerzo para despegar la tubería.

我们竭尽全力解卡钻具。

6. La tubería se pegó saliendo del hoyo.

卡住的钻杆起了出来。

7. Usamos toda la potencia de los dos motores para liberar la tubería.

我们用两台柴油机的全部功率来提钻杆解卡。

8. El torque no debe ser en exceso.

扭矩不要过大。

9. Cuidado con torcer la tubería.

当心扭断钻具。

10. Tengan preparados los instrumentos de pesca porque es posible utilizarlos en el turno.

准备好打捞工具，这一班可能要打捞作业。

11. El tourpusher está pescando, es un engranaje dentado/ broca con dientes.

带班队长正在打捞落鱼，那是一个牙轮。

12. La ranura más pequeña en el hombrillo de una unión de tubería puede originar una falla por fuga de lodo.

钻杆接头台阶面上极小的缝隙可以引起刺漏失效事故。

13. El pasador falló (partido).

钻具失效了（断裂）。

14. Vigila la tubería para evitar fallas.

密切关注钻具，以防失效事故发生。

15. Esa falla de la tubería causó una gran pérdida de tiempo.

钻具失效事故造成了很大的时效损失。

16. ¡Cuidado con la perforación a percusión y no dañen a nadie!

当心顿钻和伤人。

17. Hay un poco de impedimento en el hueco del pozo.

井眼有点遇阻。

18. No se permite intensificar el peso sobre la barrena/broca en caso de impedimento.

如遇阻，不许硬压。

19. Nos desviamos del pescado.

我们侧钻避开落鱼。

20. Hicimos un hueco en la tubería de revestimiento con la fresa.

我们利用磨鞋在套管上开窗。

21. Se repasó con una piña a 3535'.

我们将磨鞋下至3535英尺井深。

22. Algunas veces hay que agregar semillas de algodón al lodo para detener la pérdida de circulación.

有时有必要使用棉籽堵漏。

23. Coloquen algunas semillas de algodón en el lodo.

在钻井液中加入一些棉籽。

24. No deben hacerlo a su antojo sin el permiso del supervisor/companyman.

未得到监督的许可，不许乱来。

25. No salgan de la plataforma por si suceda algo complicado en el pozo.

井下出现复杂情况，不要离开钻台。

26. No se permite subir a la plataforma a nadie, menos los perforadores.

除司钻外，其他人不许上钻台。

27. Esperamos la orden, es que ahora no podemos seguir trabajando en la plataforma.

钻台上已无法工作，请指示。

28. ¿Cuánto tiempo dura el retorno de lodo?

钻井液返回时间有多长？

29. El perforador notificó al caporal lo sucedido.

司钻向队长报告发生的事。

30. El encuellador escapó del reventón por medio de la guaya de seguridad.

井架工通过安全绳逃过了井喷。

（十六）Operación de pesca 打捞作业

1. Nada fue pescado durante el trabajo de pesca.

打捞作业中什么都没捞到。

2. Se hizo la pesca, pero se soltó el pescado.

打捞作业结束了，但是什么也没有捞到。

3. Desacoplamos el pez y salimos del hoyo.

松开落鱼起钻。

4. La herramienta de pesca cubrió el pescado pero no lo atrapó.

打捞工具套入了落鱼，但是没有抓住。

5. Logramos pescar el portamechas.

我们成功打捞了钻铤。

6. ¿Pescaron el suabo?

他们打捞出抽子了吗?

7. Vamos a sacar el pescado antes de que se pegue.

在落鱼卡住之前，咱们把它打捞出来。

8. ¿A qué profundidad está el tope del pescado?.

鱼顶在什么位置?

9. Recuperamos el pescado con un pescante de arpón (Spear).

我们用打捞矛捞出了落鱼。

10. El pescado está bien pegado.

落鱼卡死。

11. Pongan la fresa y la cesta de pesca.

连接磨鞋和打捞篮。

12. Recogimos el cono de la mecha con la cesta de pesca de ripios.

我们使用打捞篮捞起了钻头的牙轮。

13. El bloque magnético no es más que un gran imán.

强磁打捞器就是一块大磁铁。

14. Arma el pescador de agarre externo.

组合打捞筒。

15. Mete un pescador de agarre externo.

下入一个打捞筒。

16. ¿Sabe Ud. cuál es el tamaño de las curias que se pusieron al pescador de agarre externo?

你知道他们打捞筒中放入什么尺寸的卡瓦吗?

17. Se metieron 37 parejas con un pescador de agarre externo.

我们下入了37柱钻具和一个打捞筒。

18. Vamos a conectar el pescante rabo de rata.

让我们接上打捞公锥。

19. Dejamos la herramienta de pesca en el hoyo.

我们把打捞工具留在了井里。

20. No pudimos encontrar el tope del pescado.

我们找不到落鱼的鱼顶。

21. Conecta la cesta de pesca de ripio encima de la mecha.

把雷德打捞篮装在钻头上方。

22. ¿Trajo algo la cesta de pesca de ripios?

打捞篮带出什么东西了吗?

23. Saca el mill y la cesta recolectora.

起出磨鞋和打捞篮。

24. Se quitaron la fresa y la cesta.

磨鞋和打捞篮被起出了井。

25. Vamos a ver si podemos alisar el tope del pescado con una fresa.

让我们看看是否可以用磨鞋把鱼顶打磨光滑。

26. Romperemos los conos con una fresa de ocho pulgadas.

我们将用8"的磨鞋磨碎牙轮。

27. El aumento de peso indica que la herramienta de pesca ha agarrado.

悬重增加表示打捞工具抓住了（落鱼）。

28. ¿Pueden ustedes descargar esa herramienta de pesca sin la ayuda del winche?

你们可以不借助吊装带把打捞工具卸下来吗?

29. La pesca es una de las mayores causas de la pérdida de tiempo y dinero.

打捞作业是造成时间和金钱损失的重要原因之一。

30. Los trabajos de pesca le costaron a la Creole alrededor de siete millones de dólares el año pasado.

去年打捞作业花费了Creole公司大概700万美元。

(十七) Sacamuestras 取心作业

1. El sacamuestras de núcleo corta a un promedio de dos pies por hora.

取心速率平均每小时两英尺。

2. ¿Están tomando un núcleo?

你在提取岩心吗?

3. Recuperamos algo del núcleo.

我们收获了一些岩心。

4. Recuperamos 20 pies de núcleo.

我们收获了20英尺的岩心。

5. Vamos a sacar el núcleo del barril interior.

让我们把岩心从内岩心筒中取出来。

6. El geólogo examinó el núcleo.

地质学家检测了岩心。

7. Las muestras se llevaron en el bote.

用船运送岩心筒。

8. Las muestras de diamante fueron diseñados para cortar las formaciones extremadamente duras.

金刚石岩心筒设计用于切削极硬地层。

9. El sacamuestras de núcleo está cerca a la mecha.

岩心筒靠近钻头。

10. La cuadrilla de día desarmó el sacamuestras del núcleo.

白班员工拆开了岩心筒。

11. El barril interior se encontró dentro de las camisas.

内岩心筒在外岩心筒内部。

12. Los barriles interiores de muestra se doblan fácilmente.

内岩心筒很容易弯曲。

13. Armen las muestras.

组合岩心筒。

14. ¿Pusieron el capturador de muestras en las muestras?

你们把岩心爪装进岩心筒中了吗?

15. Hay varios tipos de capturadores de muestra.

这里有各种类型的岩心爪。

16. Pónganlo en el capturador de muestra.

装入岩心爪。

17. La cuadrilla de sacamuestras determinará los parámetros según la situación.

取心作业人员会根据情况确定取心参数。

18. ¿Conoces el procedimiento de sacamuestras?

你知道取心作业程序吗?

19. El barril interior está hecho de aluminio.

内筒是铝制的。

20. Usa el malacate auxiliar para elevar el barril interior en la camisa.

使用气动绞车吊起内筒放入外筒。

21. Va a instalar una flotadora en la parte superior de sacamuestra.

取心筒上部要安装一个浮阀。

22. Opera despacio tomando el sacamuestra pasar por la válvula de seguridad y zapata.

取心筒过封井器和套管鞋时要平稳操作。

23. El sacamuestra debe ser levantada suavemente a la plataforma para evitar la colisión.

取心筒要平稳吊至钻台，防止碰撞。

24. Si el impedimento excede 3 toneladas bajando la tubería de perforación, el sacamuestra debe sacarse inmediatamente y hace un viaje de limpieza.

下钻遇阻超过3吨应立即起出取心筒并进行通井作业。

25. Opera despacio corriendo el sacamuestra y controla la velocidad.

下取心筒过程中要平稳操作，控制下放速度。

26. Mete el barril interior dentro de la camisa del mostrario y póngale una mecha.

把内岩心筒装入外岩心筒，并连接取心钻头。

27. Después de sacar la muestra del depósito, asegúrate de que el orden no está desordenado.

岩心出筒后要确保顺序不乱。

28. Se debe ciclar el lodo en etapas durante el proceso de bajar la tubería de perforación.

下钻过程中要分段循环钻井液。

29. Antes de sacar la tubería y la muestra, debe circularse por completo para garantizar la propiedad del lodo.

取心起钻前，要充分循环，保证钻井液性能稳定。

30. Selecciona la mecha según la situación real de la formación.

根据地层实际情况选择取心钻头。

（十八）Operación diaria 日常作业

1. ¿Hizo el corte el soldador?

电焊工完成切割了吗？

2. El electricista instaló las líneas.

电器师安装电线。

3. El perforador acopló "encrochó" las bandas de freno (Balatas).

司钻接上了捞砂滚筒离合器。

4. El carretero trancó la mesa rotatoria.

猫头工锁上了转盘。

5. El operador de la grúa elevó la pluma.

吊车司机提升吊杆。

6. El motorista puso el motor del malacate en marcha.

机工启动绞车电机。

7. Quita esos escombros del medio y amontónelos a un lado.

把废料清理出路面，堆到一边。

8. Ordenamos la planchada (Orden y limpieza).

我们把平台收拾好。

9. Acomoden las herramientas.

清理工具。

10. Es necesario limpiar y pintar los pasamanos.

有必要对扶手进行清洗和喷漆。

11. Pásale trapo y gas-oil al malacate.

用抹布和汽油擦干净绞车。

12. Dale unos golpes al collar para que se afloje.

击打几下接箍以松扣。

13. La cuadrilla conectó la línea de vapor.

员工们连接上了蒸汽管线。

14. Ataron la cuerda al tambor con un nudo corredizo.

他们用绳子在油桶上系了个活结。

15. Mide la tubería.

丈量钻具。

16. Abre la tapa de la caja de herramientas.

打开工具箱盖。

17. !Hale duro!

用力拉!

18. Corre la pasada del diablo a través de cada unión de tubería cuando la levante.

用“通径规”给吊起来的每一个单根通径。

19. Envia una señal.

发信号。

20. ¿Has terminado de sacar los tornillos?

你把螺丝都拧出来了吗?

21. Prueba la viscosidad del lodo.

测量钻井液黏度。

22. No hagas que los tubos giren tanto al enroscarlos.

你接单根上扣的时候别转得太快。

23. Un hombre con un aparejo de poleas puede alzar más peso que 10 hombres.

借助滑轮组，一个人可以提起10多个人。

24. Ajusta el freno.

调节刹车。

25. Pongan la chaveta a la cadena.

把键销装入链条。

26. Cuelguen los contrapesos.

悬挂大钳配重。

27. Cortamos la guaya en la mitad.

我们从中间切断了钢丝绳（使用割枪）。

28. Pongan el malacate en retroceso.

反转启动绞车。

29. Observen si el lodo corre por la zaranda(o el vibrador).

观察振动筛有无跑漏钻井液现象。

30. Ahora es necesario cambiar la malla de zaranda inmediatamente.

现在需要马上换筛布。

（十九）Posición de seguridad 岗位安全

1. La seguridad es importantísima/primera.

安全第一。

2. La seguridad es de gran importancia en la perforación.

安全在钻井工作中至关重要。

3. Hay que tener arreglada la faja con fuerza para trabajar en la torre.

上井架工作必须系好安全带。

4. El encuellador se puso el cinturón de seguridad.

井架工系上安全带。

5. El cinturón de seguridad ha salvado muchas vidas.

安全带挽救了很多生命。

6. Todos los que trabajen en el taladro deben usar un casco de seguridad.

所有在井场工作的人员必须佩戴安全帽。

7. ¿Dónde está su casco de seguridad?

你的安全帽在哪里？

8. No se permite trabajar sin casco de seguridad en la plataforma.

不戴安全帽不许上钻台工作。

9. Los zapatos de seguridad han evitado millares de accidentes.

安全靴预防了数以千计的事故。

10. No te olvides de ponerte tus zapatos de seguridad.

别忘了穿上你的安全靴。

11. No agarres la guaya sin los guantes.

别不戴手套抓钢丝绳。

12. No se permite tomar bebida alcohólica antes de trabajar.

上班前不许喝酒。

13. Acá/aquí no se permite fumar.

此处不许吸烟。

14. No se acerquen a la gasolina con el cigarrillo.

抽烟的时候远离汽油。

15. Hagan bien los apuntes.

认真做好记录。

16. No se permite datos falsos.

不许做假资料。

17. Todas las operaciones deben hacerse según el procedimiento determinado.

所有操作都应该按正规程序进行。

18. No se permite conectarlo con la tubería utilizando la mesa rotaria cuando bajan la tubería.

下钻时，不许用转盘上扣。

19. Tengan cuidado con el carrete de maniobras para que no se rompa.

当心操作猫头，这样它就不会缠乱。

20. Sujeten la tubería con dos llaves/lagarto.

用双钳紧扣。

21. Deben informar en caso especial.

如有特殊情况，要马上报告。

22. Hay peligro, no se pongan acá.

这里危险，不要站人。

23. Se prohibe operar en contra de los reglamentos.

严禁违章操作。

24. Va a ser despedido el que viole los reglamentos.

违者将被开除。

25. Hay que operar según las instrucciones.

要按说明操作。

26. Hagan una inspección de todas las medidas de precaución.

对所有防范措施做一次检查。

27. El departamento de seguridad exige que haya barandas alrededor de la plataforma de perforación.

安全部门要求钻台面四周要有护栏。

28. El cuñero está escuchando la explicación del jefe de seguridad.

钻工正在听安全员的解释。

29. El cuñero se resbaló en el rack de tuberías y se cayó.

钻工在管排上滑了一下，掉了下去。

30. Ten cuidado de no resbalarte en el lodo.

你当心点，别在钻井液上滑倒。

（二十）Otros 其他

1. Un kilo equivale a 2. 2 libras.

1千克等于2. 2磅。

2. Un pie tiene doce pulgadas.

1英尺等于12英寸。

3. ¿Está la cinta metrica graduada en pies o en metros?

尺子的刻度是英尺还是米?

4. Por lo general el hueco superficial es de 15 pulgadas de diametro.

表层井眼直径一般是15"。

5. El promedio de profundidad de los pozos perforados es por lo menos de cuatro mil pies.

井的平均钻深少于4000英尺。

6. Éste va a ser un pozo profundo.

这将是个深井。

7. El pozo tiene una profundidad de ocho mil pies.

这口井有8000英尺深。

8. La presión no pasó de quinientas libras.

压力没有超过500磅。

9. La producción del pozo es de doscientos barriles por día.

该井每天可产200桶油。

10. En la industria petrolera un barril contiene cuarenta y dos galones.

石油工业中每桶容积42加仑。

11. La producción de los pozos se calcula en barriles por día.

油井的产量以桶每天计量。

12. La caverna en el hoyo es el resultado de lodo pobre.

井壁坍塌是因为钻井液性能不好。

13. Parece que el lodo no está sacando los recortes muy bien.

似乎这种钻井液携带岩屑效果不好。

14. En las paredes de los pozos desviados se forman ranuras con frecuencia.

键槽常常在斜井的井壁上形成。

15. Tendremos que correr un registro eléctrico a 8000'.

我们将在8000英尺井段处进行电测。

16. Ensanche el pozo desde 5000' hasta 6000'.

对该井5000英尺至6000英尺井段进行管下扩眼。

17. Hay que prevenir pérdidas de tiempo.

避免时效损失。

18. Esperamos ordenes durante 2 horas.

我们等了两小时指令。

19. La compañía quiere reducir el tiempo de perforación.

公司想要缩短钻进时间。

20. Mientras más dura sea la formación más costosa será la perforación.

地层越硬，钻井花费越高。

21. Nos preparamos para trabajar 16 horas.

我们准备工作16小时。

22. Pregúntale al perforador si quiere trabajar sobre tiempo por un rato.

问一下司钻，他是否想加一会儿班。

23. El hierro se refina para producir acero.

铁被炼化来生产钢。

24. Busca un piñón de cuatro y medio "full hole".

找一个4 1/2"贯眼公扣。

25. El precio del petróleo varia con frecuencia.

油价变化无常。

26. Entrega este informe al supervisor de perforación por mí.

替我把这份报告交给钻井监督。

27. Están saliendo chispas por la chimenea.

烟囱中正在冒火花。

28. Vamos a probar los extinguidores.

让我们检查一下灭火器。

29. La Creole compró la mejor maquinaria.

Creole买到了最好的机械设备。

30. No se vaya hasta que el relevo llegue.

换班的人来之前不许离开。

二、Equipos de perforación, accesorios, herramientas y materiales 钻井设备、配件、工具及材料

（一）Equipo principal 主体设备

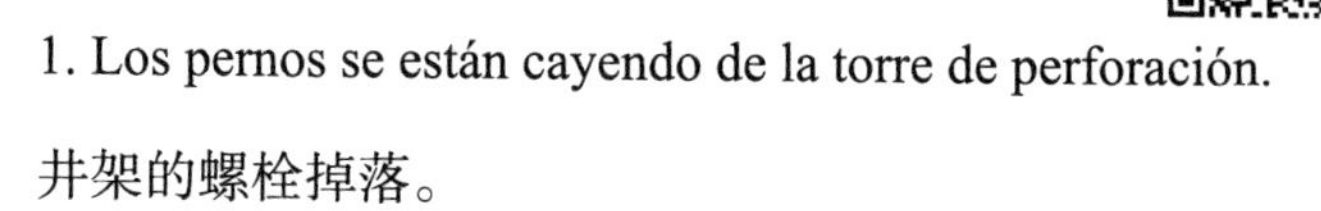

1. Los pernos se están cayendo de la torre de perforación.

井架的螺栓掉落。

2. Las vigas principales de la base de la torre de perforación son de treinta y seis pulgadas de ancho.

井架底座主梁有36英寸宽。

3. Los armadores colocan el balcón alrededor de la cornisa.

钻机制造者在天车四周安装了操作台。

4. Generalmente el encuelladero va en el décimo piso de la torre de perforación.

二层台一般安装在井架的第10根横梁位置。

5. El encuellador acomodó la pareja en los peines.

井架工把钻柱排列进了指梁。

6. Suban la patecla y amárrenla bien al poste grúa.

把开口滑车带上去，固定到人字架上。

7. Tenemos que alinear los travesaños para que entren los pernos.

我们必须把拉筋对在一起，这样螺栓就可以插进去了。

8. Mete el cuadrante en la ratonera.

把方钻杆放进大鼠洞。

9. Pongan la junta en el hoyo de ratón.

把单根放进小鼠洞。

10. Tranca la puerta de la casa del perro.

锁上钻台偏房的门。

11. No dejes que la corona se caiga al subirla.

提升天车过程中别让它掉下来。

12. Amarra un peso de carga al freno para evitar que el bloque se caiga.

在刹把上系一个重物，防止游车掉落。

13. Se le quitó la presión al freno y el bloque bajó.

刹车压力释放，游车下行。

14. Pon en marcha el malacate.

启动绞车。

15. La mesa rotativa se está calentando.

转盘运转发热。

16. Asegura el gancho.

把大钩锁上。

17. ¿Cuándo hace que no se le cambia el aceite a la unión giratoria?

水龙头里的油，距离上次更换有多久了？

18. Pon la línea de flujo de 8" y el niple de campana.

把8"的返出管线和喇叭口安装上。

19. Aseguren el tubo vertical a la pata de la torre de perforación.

把立管固定到井架大腿处。

20. ¿Conectaron el adaptador (carrete) al preventor de reventones?

你们已将变径短节与封井器连接到一起了吗？

21. Revisamos la bomba de un extremo al otro.

我们把泵从头到尾检查了一遍。

22. El tanque de succión está lleno con lodo nuevo.

吸入罐灌满了新钻井液。

23. Pasa el lodo por la zaranda para quitarle los recortes.

让钻井液经过振动筛，把岩屑从中分离出来。

24. La zaranda elimina la mayoría de los ripios del lodo.

振动筛除掉钻井液中多数的无用固相。

25. La máquina no trabaja bien debido a un desperfecto.

柴油机由于一些机械缺陷运转不正常。

26. El carrete de maniobras automático es más eficiente que el tipo ordinario.

自动猫头比普通猫头更高效。

27. El carrete de maniobras de fricción está situado entre el malacate y al lado del puesto deI perforador.

摩擦猫头安置于绞车的司钻侧。

28. Coloca un codo de alta presión en el colector múltiple.

在管汇上安装一个高压钢弯头。

29. Manda a hacer un pasa-mano para el puente.

给坡道加装扶手。

30. El rack de tuberías (burro o soporte) es muy baja.

管排架太低了。

（二）Equipamento auxiliar 辅助设备

1. El sistema de triangulación se usa en la preparación de la locación.

三角测量系统被应用于准备井场。

2. El contrapeso de las llaves de fuerza debe ser igual al peso de la llave.

大钳配重的重量应该与大钳的重量相同。

3. Continúa lavando el tanque de aire.

继续冲洗空气罐。

4. Hay que conseguir una grúa para efectuar este trabajo.

为了做此项工作，我们将找一台吊车。

5. Necesitamos una grúa.

我们需要一台吊车。

6. El camión se enganchó a la gandola.

卡车钩住了拖车。

7. ¿Están listas las bases de torre de perforación?

井架基础准备好了吗?

8. La nivelación de la fundación se efectúa con bloques de cemento reforzado.

利用加筋混凝土砌块对基础进行平整。

9. Necesitamos un equipo de soldar.

我们需要一个焊接设备。

10. El embudo está goteando.

漏斗刺漏。

11. Saca los equipos pequeños del camino.

把小件设备挪走。

12. La mayoría de los manometros marcan la presión por medio de agujas.

大多数压力表通过指针指示压力。

13. ¿Cuántas libras muesta el manómetro?

压力表显示多少磅压力？

14. El indicador es incorrecto.

表读数不正确。

15. El manómetro no muestra la presión.

压力表不显示压力。

16. Acerca la bombilla al indicador del peso.

把灯泡放得离指重表近一点。

17. La aguja negra del indicador de peso indica el peso de la tubería en miles de libras.

指重表的黑色指针以千磅为单位指示钻具的重量。

18. La aguja roja del indicador de peso es más sensible que la negra e indica el peso en libras.

指重表的红色指针比黑色指针更灵敏，以磅为单位指示重量。

19. Solamente usen conexiones de acero en la línea de matar.

压井管线只允许使用钢连接。

20. No coloques ese niple de baja presión en la línea de matar.

不要把低压短节安装到压井管线上。

21. Las luces del equipo de perforación se apagaron.

井架灯熄灭了。

22. Necesitamos una escalera.

我们需要一个楼梯。

23. La mayoría de las maquinarias están hechas de acero.

大多数机械设备都是钢做的。

24. La turbina No. 2 está fuera de servicio.

2号增压器出故障了。

25. Debemos construir un estante de herramientas.

我们必须制做一个工具架。

26. Pon el lodo en el tanque de reserva.

将钻井液放入储备罐。

27. ¿Lavaste la fosa de lodo?

你冲洗钻井液槽了吗?

28. La maquinaria de perforación es costosa.

钻井机械设备很贵。

29. Pon el generador en marcha.

启动发电机。

30. El compresor no está funcionando como debería.

空气压缩机工作不正常。

（三）Herramienta del cabezal 井口工具

1. Ve a buscar un tapón de elevación de 5".

去找一个5"的提丝。

2. Debemos encontrar otro tipo de quebrador de mecha.

我们必须找一个不同类型的钻头装卸器。

3. A los cuñeros les corresponde el cuidado de las llaves.

钻工负责照看大钳。

4. Cuelguen las llaves de tenazas.

挂起大钳。

5. Pon una nueva guaya de frenado en la llave.

给大钳装一根新的松扣急拉绳。

6. Si es necesario quitar la llave de aire y coloca las dos llaves regulares (tipo tenazas).

有必要卸下气动大钳，装上两个常规大钳。

7. Hay que sacar el buje para ponerle el limpiatubos.

安装钻杆刮泥器时必须取出补心。

8. Pon el limpiatubos al sacar la tubería.

当你起钻的时候，安装钻杆刮泥器。

9. El limpiatubos, además de limpiar la tubería, evita que caiga ripios en el hueco.

钻杆刮泥器，除了清洁钻具，还可以防止井口落物。

10. El buje de la mesa rotativa debe retirarse para que pasen las mechas anchas.

必须取出转盘补心，宽大的钻头才能通过。

11. El buje rotativo consta de dos partes.

转盘补心被做成两部分。

12. ¿Está afuera el buje de la mesa rotativa?

转盘补心出来了吗？

13. Los cuñeros sacaron una pieza del buje.

钻工取出了一半补心。

14. Ponle la araña de seguridad al portamechas (lastrabarrena) antes de sacarle el elevador.

摘开吊卡前，给钻铤装上安全卡瓦。

15. Quiten la araña de seguridad.

摘掉安全卡瓦。

16. La araña de seguridad evita que los portamechas caigan dentro del hoyo.

安全卡瓦可防止钻铤落井。

17. El cuñero sacó la cuña.

钻工提出了卡瓦。

18. Agarra la cuña por el asa.

抓住卡瓦把手。

19. Metan las cuñas.

坐卡瓦。

20. Las cuñas se utilizan para sostener la tubería en la mesa rotatoria.

卡瓦的作用是将钻具悬持在转盘面上。

21. Hay varios tipos de cuñas.

这有几种类型的卡瓦。

22. Saca el elevador de 4" y ponga el de 4 1/2".

摘下4"吊卡，安上4 1/2"吊卡。

23. Coge los elevadores de 4 1/2".

挑出4 1/2"的吊卡。

24. Cierra los elevadores.

扣合吊卡。

25. Los elevadores deben ser cambiados.

必须更换吊卡。

26. Se rompió el pasador del elevador.

吊卡销子损坏了。

27. El elevador que perdió un resorte fue reparado.

丢了一个弹簧的吊卡已经被修好了。

28. Enrosca el niple elevador en el portamechas (lastrabarrena).

旋转钻铤上的提升短节。

29. Coge el portamechas (lastrabarrena) con el levantador.

用提升短节起放钻铤。

30. ¿Coincide el levantador con el portamecha (lastrabarrena)?

这个提升短节与钻铤匹配吗?

(四) Sarta y herramienta de fondo del pozo 钻柱及井下工具

1. La tubería de rango 3 tienen un promedio de cuarenta pies de longitud.

Ⅲ级钻杆平均长度40英尺。

2. Alinea la tubería antes de comenzar a enroscarla.

开始旋扣前把钻杆对上。

3. Los tubos de perforación de 4 1/2" pesan 16. 6 libras por pie.

4 1/2"钻杆每英尺重16. 6磅。

4. Quiebra la tubería tubo por tubo.

一根一根卸开钻杆。

5. Estamos corriendo portamechas de 9".

我们正在下入9"钻铤。

6. Calibren todos los portamechas (lastrabarrenas).

给所有钻铤通径。

7. Los portamechas (lastrabarrenas) son de 6 1/4" de diámetro.

钻铤直径是6 1/4"。

8. ¿Cuántos portamechas (lastrabarrenas) hay en la sarta de tubería?

钻柱中有多少根钻铤？

9. Quiebra el cuadrante.

甩下方钻杆。

10. Limpia las roscas del cuadrante antes de enroscar el sub de sacrificio.

上短节之前，清洗一下方钻杆的丝扣。

11. Hice una marca en el cuadrante a 5 pies de la mesa rotatoria.

我在方钻杆距离转盘面5英尺的地方做了标记。

12. Raspa el revestidor desde siete mil pies hasta el fondo con el raspador para revestidor.

从7000英尺到井底，用套管刮削器刮削套管。

13. El raspador no puede entrar en el revestidor.

这个套管刮削器进不去套管。

14. Metimos el cortatubos hasta los dos mil pies.

我们把割管器下到2000英尺的位置。

15. El cortatubos se metió por la tubería de 2 7/8".

使用2 7/8"钻杆下入割管器。

16. Tenemos que obtener un escariador más grande.

我们必须找一个大点的扩眼器。

17. ¿Cuál es el diametro de la rima?

扩眼器直径是多少？

18. Mete 60 parejas con el ensanchador.

下入管下扩眼器和60柱钻具。

19. ¿Dejaste la herramienta de pesca en el hoyo?

你把打捞工具留在井里了吗？

20. Metimos el bloque magnético pero no pescamos nada.

我们下入了强磁打捞器，但是什么也没捞到。

21. Con el rabo de rata pescamos dos tubos y un pedazo que en total miden 63'18".

我们用打捞公锥收获了两根和一段钻具，总长度63'18"。

22. ¿Conectaron el pescante rabo de rata?

你们连接上打捞公锥了吗？

23. Le mandé en la lancha un rabo de rata izquierdo.

我让交通船给你送了一个左旋打捞公锥。

24. Ustedes tienen que apretar bien los tubos para obtener una buena unión.

你们必须把钻具扭矩上到位来实现良好的连接性。

25. La tubería tocó el fondo.

钻具接触井底。

26. Metimos cincuenta parejas y dos tubos de 2 1/2".

我们下入了50柱零2根2 1/2"的钻具。

27. Boten tres parejas.

甩下三个立柱。

28. La tubería se gasta mucho cuando se perfora en huecos

desviados.

打定向井时，钻具磨损很快。

29. El perforador detuvo la tubería con el reno.

司钻刹车停住了钻具。

30. Quiten el sustituto a los portamechas.

把接头从钻铤上卸下来。

（五）Herramienta manual 手工具

1. Usted tiene que usar una llave inglesa para este trabajo.

你需要个梅花扳手做那项工作。

2. Tráiganme la llave fija No. 36.

把36号开口扳手拿给我。

3. Aprieten las tuercas de bomba con la llave de copa.

用套筒扳手紧固泵上的螺帽。

4. Agarra la llave por el mango.

抓住扳手的手柄。

5. Agarra la llave por el mango.

用链钳打住钻杆。

6. Llévale la llave de tubo al encuellador.

把管钳带给井架工。

7. Ve a buscar los alicates.

去找钳子。

8. El hacha está tan embotada que no sirve para nada.

这斧子如此钝以至于什么都砍不动。

9. Dale la mandarria al perforador.

把大锤递给司钻。

10. Clava los clavos con el martillo de mano.

用小锤子把钉子钉进去。

11. Será mejor cortar la guaya con el cortaguaya.

最好使用电缆剪来剪电线。

12. Este cincel está mellado.

这个冷凿钝了。

13. Busquen la lima y compongan las roscas.

去取锉刀修理丝扣。

14. ¿Trajo el soldador la esmeriladora?

电焊工带角磨机了吗?

15. Póngale una hoja nueva a la segueta.

在钢锯上安一个新锯条。

16. ¿No hay un destornillador más grande aquí?

这里没有大一点的螺丝刀吗?

17. Háganle una rosca a ese tubo de dos pulgadas con la tarraja.

用攻丝攻2"管子的螺纹。

18. Llena el engrasador.

装填黄油枪。

19. Este saca-asiento no sirve para sacar este tipo de asiento.

这个阀座取出器取不出这种类型的阀座。

20. Dejé caer la brocha.

我扔下了刷子。

21. Toma el cepillo y limpia las roscas.

拿钢丝刷清洗一下丝扣。

22. El policía hace el trabajo de tres hombres.

加力管让一个人顶三个人。

23. Al polipasto se le salió la cadena.

倒链的链条掉了。

24. Al sacacamisas se le gastaron las roscas.

缸套拉拔器的丝扣剥落了。

25. Se rompió el gancho de la patecla.

开口滑车钩子坏了。

26. Vean si se puede mover con la barra.

试试看撬杠能否移动它。

27. Las herramientas que no estén en uso no se deben dejar tiradas en el piso.

不用的工具禁止随便扔到钻台上。

28. Pongan un gancho en el extremo de la guaya.

在绳子的末端系一个钩子。

29. Ata el extremo de la cinta métrica al elevador.

把卷尺的末端绑到吊卡上。

30. Préstame tu linterna.

把你的手电筒借我用用。

（六）Herramientas y accesorios 零件与配件

1. Los cojinetes del eje principal se están calentandos.

主轴轴承越来越热。

2. Tendremos que poner un nuevo mandril en la unión giratoria.

我们将不得不给水龙头装一根新的心轴。

3. Los croches no funcionan porque no hay presión de aire.

离合器不工作的原因是没有气压。

4. El embrague principal está deslizando.

主离合器在打滑。

5. Aprieta la tapa del rodamiento.

紧固轴承盖。

6. Algunos rodamientos son de babbitt.

有些轴承是用巴氏合金做的。

7. El engranaje del winche está muy desgastado.

这台绞车的齿轮磨损严重。

8. El engranaje de primera no funciona.

低速齿轮不工作。

9. Hay que cambiar el revestimiento de la banda de freno.

我们必须更换刹带衬片。

10. Retira la camisa izquierda a la bomba.

把泵左手边的缸套拔出来。

11. La varilla del pistón está desgastada.

活塞杆磨坏了。

12. ¿Está rayado el pistón?

活塞有划痕吗?

13. Las válvulas no coinciden con los asientos.

阀与阀座不匹配。

14. En la bomba No. 2 hay dos correas torcidas.

2号泵有两根皮带搅在一起了。

15. ¿Trajiste los repuestos de la bomba?

你把泵的零件带来了吗?

16. Quiten el protector de cadena giratoria.

把转盘传动链护罩卸掉。

17. El volante se salió del motor No 2.

二号马达的飞轮掉了。

18. La tapa del cilindro tiene una pequeña rotura.

汽缸盖中有个小的裂隙。

19. El tubo de escape está flojo.

排出管松了。

20. ¿Están montadas las roldanas en los cojinetes?

滑轮安装在滚动轴承上吗?

21. ¿Cuál de los dos tipos de válvulas dura más?

这两种阀门，哪种使用的寿命长?

22. Esta cadena no engrana en la catalina.

这条链条与链轮不匹配。

23. Consíganme 3 rollos de cadenas de 4 pulgadas.

拿给我3盘4"的链条。

24. Las válvulas de compuerta se usan en las líneas del lodo.

平板阀被应用于钻井液管线中。

25. El humo negro se está saliendo de la chimenea.

黑烟正从烟囱中翻滚而出。

26. Abran el purgador del tanque.

打开罐的放泄阀。

27. El carburador está tapado.

化油器堵塞了。

28. Cambiaremos el aceite y filtros hoy.

我们今天将更换油和过滤器。

29. Deja que el motor funcione a la velocidad mínima.

让马达空转（最小转速）运转。

30. Tiemplen bien la guaya al enrollarla en la bobina.

在滚筒上缠绕钢丝绳的时候缠紧缠好。

（七）La mecha 钻头

1. Vayan al depósito y traigan una mecha.

去仓库取个钻头回来。

2. ¿Está bien la mecha?

钻头钻进效果好吗？

3. ¿Cómo va perforando la mecha?

钻头切削效果如何？

4. ¿Con qué tipo de mecha están perforando?

你们在用什么类型的钻头？

5. Escoje una mecha en buen estado.

挑一个状况好的钻头。

6. Hay que apretar la mecha muy bien.

钻头必须上好上紧。

7. Levanta la torre de perforación y pare 60 parejas de tubería.

组合并下入钻头和60柱钻具。

8. Ahora corran la mecha y rime.

现在下入一个钻头和一个扩眼器。

9. Las mechas modernas han vencido considerablemente la resistencia a la perforación de la mayoría de las formaciones.

现代钻头已极大地克服了大多数地层的抗钻性。

10. Vamos a destapar la mecha antes de enroscarla en el portamecha.

把钻头连接到钻铤之前，让我们先疏通水眼。

11. Esta mecha cortó 500'.

这个钻头钻进了500英尺。

12. Aquella broca ya está muy dañada, es necesario cambiarla.

那个钻头磨损太厉害了，需要换个新的。

13. La mecha salió completamente mellada.

钻头牙齿磨光了（无齿的）。

14. Las mechas se embotan rápidamente con la arena dura.

在硬砂岩中，钻头磨损很快。

15. Mándales a buscar una mecha de 8 1/2".

告诉他们找一个8 1/2"的钻头。

16. Con la llegada de la pala a chorro, la perforación se ha acelerado considerablemente.

随着喷射式钻头的出现，钻井速度极大地提高了。

17. Las barrenas de roca se usan para perforar las formaciones duras.

牙轮钻头用于钻硬地层。

18. Los dientes de las mechas son de acero duro.

牙轮钻头的牙齿是用硬质钢做的。

19. Hay varios tipos de barrenos de roca.

这里有几种类型的牙轮钻头。

20. Enrosquen una barrena de roca en el portamecha (lastrabarrena).

在钻铤上连接一个牙轮钻头。

21. Pongan una mecha.

安装一个牙轮钻头。

22. Cambien el mecha.

更换牙轮钻头。

23. Vean si hay por ahí una mecha tricónica.

看看附近是否有一个三牙轮钻头。

24. Parece que la mecha tiene trancado un cono.

钻头好像有一个牙轮卡死了。

25. Las palas de tres puntas se usan con mucha frecuencia.

他们经常使用三刮刀钻头。

26. Vean si hay en la gabarra una pala de tres puntas.

看看驳船上是否有一个三刮刀钻头。

27. Cuando se perfora arcilla, es difícil evitar que la mecha se embole.

钻泥页岩过程中，很容易发生钻头泥包。

28. La mecha se emboló por falta de presión de la bomba.

钻头因泵压不够而发生泥包。

29. La mecha no estaba embotada sino embolada.

钻头磨损并不严重，但是发生了泥包。

30. La tubería se pegó debido a que la mecha estaba embolada.

钻头泥包导致卡钻。

（八）Materiales comunes 常用材料

1. ¿Cuánto combustible queda?

还剩多少燃油？

2. Echa un poco de gasolina en la máquina de soldar.

在电焊机里加一点汽油。

3. Usa suficiente lubricante.

大量使用润滑油。

4. Tráeme un balde de aceite Nº 30.

拿给我一桶30号的油。

5. La aceitera se llama tambien "alcuza".

油也叫做“alcuza”。

6. Pongan un poco de grasa a la unión.

在由壬上抹一点黄油。

7. Echen un poco de aceite al eje de la polea.

给传动轮轴上一点油。

8. ¿Se terminó la grasa?

我们没有黄油了吗？

9. El acero se tiempla con calor.

钢通过加热来回火。

10. La industria petrolera consume miles de toneladas de hierro anualmente.

石油工业每年消耗成千上万吨铁。

11. El babbit se usa en la línea de suabo.

用巴氏合金浇铸捞砂绳的绳头。

12. El soldador derrite el babbitt.

电焊工融化了巴氏合金。

13. Vamos a apretar la empacadura de la bomba.

让我们上紧泵缸套盘根。

14. ¿Qué tipo de empacadura tiene el prensaestopas?

填料密封中是什么类型的盘根？

15. Nos hace falta empacadura para el prensaestopas.

我们需要密封填料。

16. La goma de hoy es mejor que la de hace 10 años.

现在的胶皮比10年前的好多了。

17. Limpien bien los canals de brida antes de ponerlos el anillo.

钢圈放进去之前，把法兰的钢圈槽清理干净。

18. ¿Dónde están los gomas de pistón?

活塞橡胶圈在哪里？

19. Vayan a buscar un pedazo de cuerda de unos veinte pies de largo.

去找一根大概20英尺长的绳子。

20. Fijen la manguera de 2".

连接2"的软管。

21. Utilicen la eslinga de 3/4" para acomodar los portamechas (lastrabarrenas).

用3/4"的绳套吊起钻铤。

22. Cambien la guaya en la rampa.

更换坡道上的钢丝绳。

23. Pongan el material en las cajas.

把材料装进箱子。

24. El acetileno es llamado carburo por algunas personas.

乙炔被一些人叫作电石气。

25. Nunca usen oxígeno comprimido para probar el lodo.

永远不要用压缩氧气测试钻井液。

26. Vayan a buscar otra lata de pintura.

再拿一罐油漆过来。

27. Pinten el interior del tanque con alquitrán para detener las grietas.

用沥青涂刷罐的内部，来堵塞裂隙。

28. Cubran los sacos de bentonita con una lona.

给这些膨润土盖上帆布。

29. Esta tela metálica es de malla más fina que la otra.

这块筛布比那块筛目更精细。

30. No te olvides de poner las tuercas con arandelas de seguridad.

别忘了上螺母和锁紧垫圈。